KB242727

다민족 과학

다민족 과학

현재환

문학과지성사

인종 과학에서 다민족 과학으로?

2024년에 즈음하여 한국 사회는 때아닌 '다인종·다문화 국가' 진입 논쟁으로 들썩였다. 한 유력 경제지가 "한국, 내년부터 '다인종 국가'"라며 포문을 열었고, 다른 언론들도 "국내 외국인 수가 251만 명을 기록해 '다문화 사회' 진입이 눈앞에 왔다"고 받아썼다. 이주민이 전체 인구의 5퍼센트를 넘으면 OECD가 '다인종·다문화 국가'로 분류한다는 것이 그 근거였다.[1] 하지만 이 소동은 일종의 해프닝이었다. OECD에 그런 기준은 존재하지 않았고, 5퍼센트라는 수치 또한 엄밀한 인구학적 정의가 아닌 여행자까지 포함한 '체류 외국인' 통계에 기댄 것이었다.[2]

사실 "한국은 다문화 사회"라는 선언은 지겨울 만큼 반복되어온 레퍼토리다. 2005년에는 외국인 1퍼센트 도달을

---

1   김대훈·최해련 기자, "한국, 내년부터 '다인종 국가'," 『한국경제』, 2023년 10월 27일; 박혜리 기자, "국내 외국인 251만 명… '다문화사회' 진입 눈앞," 『코리아넷뉴스』, 2024년 1월 17일.

2   설동훈, 「이주와 다문화의 개념사」, 『한국이민학』, vol. 10, no. 2, 2023, p. 14.

근거로, 2007년에는 체류 외국인 100만 명 돌파를 근거로, 2011년에는 2.5퍼센트 도달을 근거로 언론은 매번 "다문화 사회 진입"을 선포해왔다. 연구자들은 이르게는 1980년대 말 이주민 증가 시기를, 혹은 2000년대 초반 참여정부가 '다문화'를 정책 용어로 사용하던 시기를 '다문화 사회 진입'의 진정한 시작점으로 본다. 이미 "다문화 1.0"(초창기)과 "다문화 2.0"(증가기)을 지나 "다문화 3.0"(대세)의 시대가 왔다는 진단이 나올 정도다.[3]

그러나 지난 20여 년간 쌓여온 이 화려한 '다문화'라는 구호 뒤편에서는, 정반대의 목소리가 날카롭게 터져 나오기 시작했다. 이 담론이 "우리 안의 인종주의"를 지우고 있다는 통렬한 비판이다.[4] 역사학자 염운옥은 한국의 다문화 담론이 한국인과 이주자를 구별 짓고, 후자를 온정의 대상으로만 취급하며 차별을 내면화한 인종주의를 조장한다고 지적한다. 정치외교학자 정회옥은 한 걸음 더 나아가 '다문화'라는 용어 자체가 근대 초기에 출현한 한국의 토착 인종주의와 공모하며 "대표적인 혐오의 언어"가 되어버렸다고 비판한다. 사회학자 손인서의 비판은 가장 매섭다. 그는 '다문화 사회'라는 용

3   강성철 기자, "[다문화 3.0] 인구 절벽·지방 소멸 대안으로 떠오른 외국인," 『연합뉴스』, 2025년 2월 3일.
4   정혜실, 『우리 안의 인종주의: 이주 인권 현장에서 본 한국 사회』, 메멘토, 2023.

어가 저개발국 출신 이주민을 착취하는 구조를 생산하는 "명백한 거짓말"이며, 현실의 인종주의와 배제를 전혀 반영하지 못한다고 일갈한다. 정부 정책이 단 한 번도 동화주의적 기조를 바꾼 적이 없는 현실을 볼 때, "한국에 다문화는 없다"는 것이 그의 결론이다.[5]

이 책은 이와 같은 최근의 비판적 문제의식들을 깊이 공유한다. 그러면서도 다문화와 인종주의에 관한 이 치열한 논쟁에서 지금껏 비교적 간과되어온 주제, 바로 과학에 주목한다. 보다 구체적으로 이 책은 2000년대 초중반 이후 한국 정부가 '다문화 사회' 도래를 주장하며 정책을 추진하는 과정에서, 과학이 어떤 역할을 맡아왔는지를 비판적으로 살핀다. 이는 나치 독일의 과학적 인종주의scientific racism 같은 사이비 과학을 폭로하는 단순한 작업이 아니다. 오히려 정반대다. 이 책은 현대 과학의 본성과 지식 생산의 맥락성에 주목하며, '다문화'라는 시대적 요구 속에서 새로운 종류의 과학이 어떻게 출현했고, 그것이 우리 사회에 어떤 영향을 미쳤는지를 탐구하는 일종의 지식사적, 지식사회학적 분석 작업을 꾀한다.

지금까지 다문화 담론에서는 과학을 일종의 암흑상자

<hr />

5   염운옥, 『낙인찍힌 몸: 흑인부터 난민까지, 인종화된 몸의 역사』, 돌베개, 2019; 정회옥, 『한 번은 불러보았다: 짱깨부터 똥남아까지, 근현대 한국인의 인종차별과 멸칭의 역사』, 위즈덤하우스, 2022; 손인서, 『다민족 사회 대한민국: 이주민, 차별, 인종주의』, 돌베개, 2024.

blackbox처럼 다루어왔다. 가장 대표적인 사례가 '단일민족 신화' 논쟁이다. 2000년대 이래 다문화 담론은 이주민에 대한 배타성이 '단일민족주의'에 기인했다고 일관되게 주장해왔다. 다문화 연구자 설동훈은 단일민족 신화를 현실과 괴리된 '미신'이라고 명명하는데,[6] 이를 '미신'이라고 부를 수 있는 가장 강력한 근거는 바로 과학에서 나온다. "한국인은 북방계와 남방계의 혼합"이라는 유명한 언설은, 2000년대 초 유전학자들이 DNA 서열분석 기술로 한국인의 기원을 추론한 연구 결과에 기댄 것이었다.

하지만 과학자들의 참여는 '단일민족 신화' 비판에만 머무르지 않았다. 2000년대에는 정부의 다문화 정책에 발맞추어 이주민 집단의 건강을 관리하고 지원하기 위한 생의학 biomedicine 연구들이 본격화되기 시작했다. 예를 들어 국립보건연구원은 2006년에 기존의 '한국인 유전체역학 조사사업 KoGES'에 동남아시아 출신 결혼 이주 여성들을 대상으로 한 "국내 이주자 코호트"를 추가했다.

나는 이처럼 한국의 유전학자와 생의학 연구자 들이 '다문화 사회 만들기'와 관련해 필요한 과학적 지식과 자료를 생산하고, 미디어 등을 통해 그들의 주장에 과학적 권위를 부여해온 활동들을 통틀어 '다민족 과학'이라고 부른다. 다문화가

---

6   박상준 기자, "[내 곁의 이방인] "단일민족 신화는 미신일 뿐…
     한국에 사는 사람이 한국인"," 『한국일보』, 2017년 10월 14일.

아닌 다민족이라는 용어를 택한 것은, 연구 대상이 한국인과 유전적 친연성을 가진 아시아계 '민족' 집단에 초점을 맞추거나, 한국인의 생물학적 '다민족' 기원을 묻거나, 오늘날 한국 사회의 '다민족'적 상황에 대한 생의학적 관심에 집중했기 때문이다. 또 본문에서 다루겠지만, 이 '민족'이라는 어휘가 오늘날 다민족 과학의 여러 문제를 일으키는 주요한 배경이 되기 때문이다.

이 책은 과학기술학Science & Technology Studies, STS의 학문적 계보 안에 있다. STS는 2000년대 이후 과학과 보건 정책, 다문화주의가 어떻게 뒤얽히는지 탐구해왔으며, '다민족 과학'의 출현이 결코 한국만의 현상이 아님을 잘 보여준다. 예를 들어 미국의 과학기술학자 스티븐 엡스틴은 1980년대부터 일어난 건강 불평등 개혁 운동이 1993년 '국립보건원NIH 재활성화법' 제정으로 이어진 역사적 맥락에 주목했다. 이 법은 그동안 백인 남성에게만 집중되었던 의학 연구의 관행을 깨고, 여성과 소수 인종을 연구 피험자로 의무적으로 포함시키도록 했다. 엡스틴은 이러한 흐름을 생물학적 다문화주의biomulticulturalism라고 불렀다. 이는 생의학 연구가 다양한 인종과 성별의 신체적 차이를 존중하고 포용해야 한다는 지극히 윤리적이고 선한 의도에서 출발한 것이었다. 하지만 이 법안은 생의학 연구자들이 소수자들을 연구 대상으로 삼으면서 오히려 이들의 생물학적 차이를 명확히 구분하게 만들었다. 사회적 차별을 없애려던 시도가 역설적으로 실험실 안에서는 사람들을 다시 인종별로 분류하는 결과를 낳았고, 이 과정에서 인종은 사회적 구성물이 아니라 생물학적 실재로 되살아났다.[7]

이러한 역설은 유전체 의학이라는 첨단 기술을 만나 더욱 심화되었다. 과학사회학자 에이미 힌터버거는 캐나다의 사례를 통해 '분자적 다문화주의molecular multiculturalism'라는 현상을 발견했다. 캐나다 연구진은 선주민을 비롯한 다양한 집단에게 최적의 맞춤형 치료를 제공하겠다는 목표 아래, 혈액이나 조직 등 인체 자원을 대규모로 수집해 저장하는 바이오뱅크를 구축했다. 연구진은 이와 같은 집단별 맞춤 의료를 위해 DNA 수준에서의 미세한 생물학적 차이를 찾아내는 이른바 분자화molecularization 작업을 수행했다. 문제는 이 복잡하고 방대한 유전 데이터를 정리하는 과정에서 분류의 기준으로 또다시 인종이라는 이름표를 활용했다는 점이다. 결국 첨단 과학이 사회적 편견을 해소하기는커녕 유전체학이라는 과학적 권위를 등에 업고 인종 간에는 근본적인 생물학적 차이가 있다는 믿음을 사실로 굳히는 결과를 초래했다.[8]

7   Steven Epstein, *Inclusion: The Politics of Difference in Medical Research*, Chicago: University of Chicago Press, 2008.

8   Amy Hinterberger, "Molecular Multicultures," Maurizio Meloni, John Cromby, Des Fitzgerald, and Stepahnie Lloyd(eds.), *The Palgrave Handbook of Biology and Society*, London: Palgrave MacMillan,

이처럼 과학과 다문화주의에 대한 STS 연구는, 과학이 가치중립적인 판단자가 아니라 다양성을 관리하는 기존의 사회적 접근 방식과 깊이 관련되어 있음을 보여준다. 그리고 연구에 소수자를 포용하기 위해 '인종'과 같은 사회적 범주를 채용하는 활동이, 어떻게 인종적 분류를 '생물학화'하며 차별과 혐오의 도구로 오용될 수 있는지를 지적한다.

미국의 '생물학적 다문화주의'나 캐나다의 '분자적 다문화주의'와 마찬가지로 한국의 '다민족 과학' 역시 사회적 진공 상태에서 진실만을 가려내는 객관적인 심판관이 아니라, 같은 시기에 출현한 다문화 정책과 '한국인의 민족 됨'이라는 기존 인식 틀의 영향 속에서 만들어져왔다. 그리고 본문에서 살펴볼 것처럼, '다민족 과학'은 단일민족론을 비판했음에도 불구하고, 인종적·민족적 분류를 지속적으로 사용함으로써 '민족'과 '인종'을 마치 생물학적 사실인 양 여겨지게 하는 데 의도치 않게 많은 영향을 끼쳤다.

STS의 관점에서 한국 '다민족 과학'의 전개 과정을 기술하려는 이 책의 핵심 주장은 다음과 같다. 과학자들의 선의에도 불구하고, 현재의 다민족 과학은 계속해서 차별주의적인 인종 과학으로 미끄러질 위험을 낳는다는 것이다. 이는 무엇보다도 다민족 과학이 이주민과 그 자녀들을 포용하는 데 초

2018, pp. 251~68.

점을 맞추기보다는 '한국인'이라는 기준에 따라 한국인과 비한국인을 구분하는 '구별의 과학'으로 기능해왔기 때문이다. 이 분야의 과학자들은 한국인의 다민족적 기원을 찾거나 이주자의 건강에 기여한다는 목적 아래, 다양한 유전학적, 생의학적 연구 과정에서 인종적 분류를 채용하고, 이주자와 '순수' 한국인의 생물학적 차이를 밝히는 데 초점을 맞추어왔다.

물론 과학자들이 사용하는 인종적 어휘나 생물학적 구별이 즉각적인 차별로 이어진다고 말할 수는 없다. 하지만 중요한 것은 그와 같은 과학적 논의가 이루어지는 가운데, 과학적 언설과 대중적 혐오의 언설이 교묘하게 결합하여 인종차별적인 서사가 끝없이 생산될 수 있는 '인식론적 공간'이 만들어진다는 점이다.[9] 5장에서 자세히 살펴보겠지만, 오늘날 온라인 커뮤니티에서는 '다민족 과학'이 만들어낸 특정한 유전적 집단화와 인종적·민족적 분류의 연계가 인종차별과 혐오를 생산하는 '새로운 인종 과학'으로 재탄생하고 있다.

이러한 관점에서 나는 한국의 다민족 과학을 '과거의 인종차별적이고 배제적인 인종 과학' 대 '포용을 지향하는 정치적으로 올바른 다민족 과학'이라는 선악의 이분법으로 나누어 보는 태도를 문제 삼는다. 현대의 다민족 과학은 과거 제국주의 시대 서구 열강들이 두개골의 크기를 재며 인종 간 우열

9   슈타판 뮐러빌레·한스외르크 라인베르거, 『유전의 문화사』, 현재환 옮김, 부산대학교출판문화원, 2022.

을 나누었던 노골적인 과학적 인종주의와는 분명 다르다. 하
지만 이 책이 보여주듯 다민족 과학과 인종 과학의 경계 사이
에는 수많은 구멍이 있으며 이 경계가 흐릿해지는 경우 또한
빈번하다. 따라서 다민족 과학을 포스트-인종 과학post-racial
science으로 본다면, 여기서 접두사 '포스트post-'는 인종을 벗
어난다는 탈脫의 의미가 아니라, 어떤 측면에서는 인종 과학
의 연장선상으로도 볼 수 있는 후기後期의 의미로 이해되어야
할 것이다.[10]

　　포스트-인종 과학으로서 다민족 과학의 면면을 살펴보
는 이 책은 역사적으로 다민족 과학과 인종 과학이 조우하는
지점을 검토하는 데서 논의를 시작한다. 인종 과학의 역사와
관련해 널리 통용되는 서사는 나치 독일의 참상 때문에 제2
차 세계대전 이후 과학계에서 인종차별적 연구와 '인종'이라
는 용어가 완전히 퇴출되었다는 것이다. 이 서사는 미국 과학
계로 한정해도 절반만 맞는 이야기이며, 한국 과학사의 맥락
에서는 완전히 틀린 이야기다. 1장 "과학 연구와 미끄러지는
용어들"에서는 한국에서의 인간 생물학 연구의 역사를 간략
히 검토하면서 두 과학 간의 경계가 얼마나 다공적인지를 살
펴본다. 한국 과학계에서 인간 집단을 분류하는 용어들을 고

10　　Katrina Karkazis and Rebecca Jordan-Young, "Sensing Race as
　　　a Ghost Variable in Science, Technology, and Medicine," *Science,
　　　Technology, & Human Values*, vol. 45, no. 5, 2020, pp. 763~78.

찰해보면 '민족'이라는 용어로 인종적 분류를 도입하거나 '인종' 개념을 공공연히 사용하는 관행이 지금도 만연하다는 것을 알 수 있다. 이를 통해 우리는 다민족 과학이 인종 과학과 완전히 결별한 것이 아니라 그 유산 가운데 만들어지고 있음을 확인하게 된다.

　2장 "아시아인 유전체 주식회사"에서는 2000년대 이후 한국의 유전체 연구 대상이 '한국인'에서 '아시아인'으로 확장되는 과정을 검토한다. '아시아인 건강'을 위한 과학 연구라는 슬로건은 일견 포용적인 제스처로 보이지만, 그 실제 배경에는 유전체 의학이라는 신시장 개척을 위한 생명공학 기업들의 상업화 전략과 '생명추출주의'가 놓여 있었음을 밝힌다.

　3장 "포스트민족주의 과학의 굴레"에서는 2000년대 '다문화주의'의 부상과 '동북공정'을 둘러싼 역사 분쟁 속에서 유전학이 어떻게 모순적인 역할을 수행했는지 살핀다. 유전학자들은 한편으로 북방계와 남방계 이중 기원설을 통해 '단일민족 신화'를 비판하면서도, 다른 한편으로는 역사 분쟁에 대응해 '유전적 동질성'을 증명하라는 요구에 부응해야 했다. 이 장에서는 이 딜레마가 어떻게 유전학을 민족주의의 굴레에 가두었는지 분석한다.

　4장 "국가주의적 다민족 과학"에서는 다문화 담론이 지배적인 상황에도 불구하고, '생물문화적 순수성biocultural purity'을 기준으로 하는 분류 체계가 어떻게 국가 통치의 핵심 도구가 되었는지 살펴본다. 특히, 시민권 DNA 검사, 범죄 수사, 생의학 및 법의학 연구 등에서 '한국인'과 '비한국인'을 구분하는 이 분류 체계가 과학자들의 선한 의도에도 불구하고 다민족 과학을 구별의 과학으로 만들었음을 지적한다.

　　마지막 사례 연구를 담은 5장 "새로운 인종 과학"에서는 앞선 장들에서 축적된 다민족 과학의 지식들이 온라인 커뮤니티와 같은 대중적 장에서 어떻게 순환하며 우리 시대의 '새로운 인종 과학'을 만들어내고 있는지 그 양상을 확인한다. '하플로타입haplotype'이라는 유전학적 패턴과 외모적 특성을 혐오와 결부시키는 '유사 시민과학'의 등장이 바로 그것이다.

　　마지막으로 "나가며: 구별의 과학과 포용의 과학"에서는 다민족 과학이 이와 같은 새로운 인종 과학을 막는 방파제가 되어야 한다고 제안한다. 이를 위해서는 과학 연구자들이 정부뿐만 아니라, 비국가주의적, 포스트민족주의적 관점에서 깊이 있는 연구를 진행해온 인문사회 연구자들, 동료 시민들, 무엇보다도 다민족 과학이 수혜자로 상정하는 이주자들의 목소리를 경청해야 한다는 점을 다시 한번 강조할 것이다.

차례

1장

과학 연구와
미끄러지는 용어들

2018년 가을, 울산과학기술원UNIST에서 한국 유전체학 연구를 선도하는 박종화 교수를 인터뷰할 기회가 있었다. 대화 중에 그는 단호하게 선언했다. 유전체학이 '인종race'이라는 개념을 완전히 반박했으며, 오늘날 유일하게 유효한 과학적 분류 단위는 '인족ethnic group'뿐이라고. 한 해 전 만났던 유전학자 진한준 교수 역시 '인종'은 과학적으로 시대착오적인 개념이며 유전학을 활용한 인류 이주사 연구에서는 이 용어가 더 이상 사용되지 않는다고 잘라 말했다. 그들의 말에 따르면, '인종' 개념은 한국 과학계에서 퇴출된 지 오래였다.

하지만 몇 년 뒤에 페이스북에서 우연히 보게 된 한 유전체학자의 게시물은 나를 혼란에 빠뜨렸다. 그는 미국의 대규모 유전체 사업인 "All of Us" 프로젝트를 소개하며 참가자 75만 명 중 "46퍼센트는 유럽 인종이 아닌 다른 인종 및 민족으로 분류"되어 "유럽인에 치우친 기존의 유전학 연구를 넘어서는" 성과를 냈다고 평가했다. '인종'이라는 단어가 너무나 자연스럽게 사용되고 있었다.

과학계에서 '인종'은 죽었다는 선언에도 불구하고, 왜 '인종'은 유령처럼 과학자들의 언어 속을 배회하고 있을까? 이 기묘한 불일치, 이 미끄러지는 용어들이야말로 '다민족 과학'의 실체를 파헤칠 수 있는 첫번째 실마리다. 이 장은 한국의 유전학 관련 연구들이 실제로 인간 집단을 어떻게 분류해왔는지, 그 과학적 실천의 내면을 들여다본다.

결론부터 말하자면 한국의 과학자들은 영어 논문에서 'race'라는 단어를 거의 쓰지 않는다. 하지만 한국어로 쓰인 논문과 보고서에서는 놀라울 정도로 빈번하게 '인종'이라는 용어를 사용하며, 심지어 '민족'이라는 단어를 '인종'과 거의 동일한 생물학적 개념으로 사용하고 있다. 이처럼 '인종'과 '민족'이 뒤섞여 사용되는 혼란스러운 관행은, 과학이 생물학적 인종 개념을 폐기했다는 대중의 믿음과는 정반대의 현실을 보여준다. 그리고 이 관행이 바로 다민족 과학이 그 선의에도 불구하고 끊임없이 인종 과학으로 미끄러지는 비탈길의 출발점이다.

인종 개념의 과학적 사용에 대한 단호한 반대

이 혼란의 뿌리를 찾기 위해서는 역사를 거슬러 올라가야 하지만, 이에 앞서 먼저 오늘날의 과학이 이 골치 아픈 용어들을 어떻게 정의하고 있는지 명확히 짚고 넘어갈 필요가 있다. 2023년과 2025년에 미국 국립과학공학의학한림원National Academies of Sciences, Engineering, and Medicine의 명의로 잇달아 발표된 보고서들은 전 세계 생물학 연구자들에게 "인종race을 인간 유전 다양성의 대리물proxy로 사용하지 말라"고 주문했다. 현대 과학의 관점에서 인종은 생물학적 사실이 아니라,

사람들을 위계적으로 분류하기 위해 고안된 사회정치적 구성물sociopolitical construct일 뿐이라는 것이었다.[1] 그에 따르면, 유전학적으로 인간은 99.9퍼센트 동일하며, 집단 간의 유전적 차이는 불연속적인 경계선이 아니라 지리적 거리에 따른 연속적인 흐름으로 드러난다. 따라서 인종을 생물학적 차이의 원인으로 지목하거나 유전적 특성을 설명하는 도구로 사용하는 것은 과학적으로 타당하지 않다.

이에 반해 '종족성ethnicity'은 역사, 언어, 문화를 공유하는 집단으로서 생물학적 특징보다는 공유된 경험과 사회적 유대감을 바탕으로 형성되며, '조상ancestry'은 개인의 족보나 유전적 조상을 뜻하는 개념으로 구분된다.[2] 한국의 인문·사회 학계도 이와 같은 분류에 대체로 동의하며 '인종'은 사회정치적 구성물로, '민족'은 (때로는 종족적 개념과 결합하지만 대체로) 정치적 단위인 nation의 번역어로, '종족'은 ethnic group

---

1   인종 과학의 역사와 관련해 흔한 오해 중 하나는 1950년 유네스코
     인종 선언문 이후 과학계에서는 인종 개념을 사회적 구성물로
     간주하고 인종 과학 연구를 중단했다는 것이다. 이에 대한 비판적
     고찰로는 다음을 참고하라. 현재환, 「과학과 반인종주의라는 가치:
     유네스코 인종 선언문 논쟁」, 이중원·홍성욱 엮음, 『과학과 가치:
     테크노사이언스에서 코스모테크닉스로』, 이음, 2023.

2   National Academies of Sciences, Engineering, and Medicine,
     *Using Population Descriptors in Genetics and Genomics Research:
     A New Framework for an Evolving Field*, Washington DC: National
     Academies Press, 2023.

의 번역어로 사용하고 있다.[3]

국제 과학계가 이토록 용어 사용에 민감한 이유는 단순히 단어 선택의 문제가 아니라, 그 이면에 깔린 유형론적 사고 typological thinking의 위험성 때문이다. 인종을 생물학적 변수로 사용할 경우, 사회적 불평등의 원인을 타고난 생물학적 차이로 오해하게 만드는 생물학적 본질주의biological essentialism를 강화할 수 있다. 예를 들어 특정 질병의 원인을 인종적 특성으로 돌릴 경우, 그 이면에 있는 구조적 차별이나 환경적 요인을 가리게 된다. 이러한 이유로 과학자들에게는 인종 대신 '유전적 유사성genetic similarity'이나 '지리적 조상geographic ancestry'과 같은 보다 구체적이고 정확한 용어를 사용할 것이 권고되고 있다.[4]

그렇다면 한국에서는 '인종'이라는 단어만 피하면 되는 것일까? 유감스럽게도 한국의 과학사에서 이 단어들은 결코 서구의 분류처럼 명쾌하게 분할되지 않았다. 오히려 한국 사회에서 '민족'은 단순한 문화적 집단을 넘어 단일한 혈통이라

---

3   'nation'의 보다 정확한 번역어는 '국민'이고, 한국의 민족 개념은
     'ethnicity'에 가깝다는 주장도 존재한다. 'nation'의 국문 번역을
     무엇으로 할 것인지를 둘러싼 인문·사회학계의 논의에 대해서는
     다음의 논문을 참고하라. 진태원, 「어떤 상상의 공동체? 민족, 국민
     그리고 그 너머」, 『역사비평』 96호, 2011, pp. 169~201.

4   National Academies of Sciences, Engineering, and Medicine,
     Rethinking Race and Ethnicity in Biomedical Research, Washington
     DC: The National Academies Press, 2025.

는 생물학적 믿음을 강하게 내포하고 있다. 즉, 우리가 '민족'이라고 말할 때, 그것은 서구의 '인종race'이 가졌던 생물학적 배타성과 본질주의적 사고를 그대로 답습하고 있을 가능성이 크다. 따라서 인종이라는 단어를 배척하는 것만으로는 충분하지 않으며, 집단을 나누고 그 차이를 생물학적으로 고정하려는 시도 자체를 경계해야 한다. 이는 한국의 민족 개념이 태생부터 사회정치적 위계와 생물학적 혈통을 동시에 내포하고 있었으며, 특히 과학자들이 오랜 기간 이런 용례를 본인들의 연구에 널리 활용해왔기 때문이다.

'민족'이라는 이름의 인종

한국의 인문·사회학계는 '인종'과 '민족'의 개념사를 정치사의 관점과 맥락에서 다루어왔다. 정치사의 서사에 따르면, 19세기 말에서 20세기 초에 조선이 서구 열강과 일본 제국의 압박을 받던 시기에 '인종'이라는 용어가 잠시 등장했지만, 국권 상실의 위기 속에서 흩어진 구성원을 하나로 묶을 강력한 정치적 구심점이 필요해지면서 '민족' 개념이 '인종'의 자리를 신속히 대체했다.[5] 단군이라는 단일 조상에서 기원해 단일한

---

5   권보드래, 「근대 초기 '민족' 개념의 변화: 1905~1910년 대한매일신보를 중심으로」, 『민족문학사연구』 33호, 2007, pp. 189~213.

혈통, 언어, 문화를 공유한다는 '단일민족' 신화가 이 과정에서 발명되었고, 이 이데올로기는 일제 강점기에는 식민 지배에 저항하는 민족주의의 원동력이자 해방 이후에는 남북한의 국가 건설을 정당화하는 핵심 기제가 되었다.[6] 반면 '인종'은 일본 제국이 내세운 "백인종에 맞선 황인종의 연대"나 식민지 동화 정책과 연관된 용어로 인식되면서, 정치적 담론의 장에서 빠르게 영향력을 잃고 퇴출당했다.

하지만 과학의 역사는 이 말끔한 정치사의 서사를 따르지 않았다. 과학계에서 '민족'은 '인종'을 대체한 것이 아니라, 인종의 생물학적 의미를 그대로 수용한 채 널리 활용되었다. 잘 알려진 것처럼, '인종'이라는 번역어 자체가 근대 제국주의의 산물이다. 'race/rasse/raza'가 '人種'이라는 한자어로 처음 번역된 것은 19세기 중반 일본에서였다. 에도 막부 말기 화가이자 사무라이였던 와타나베 가잔渡辺崋山이 1839년 『외국사정서外國事情書』에서 이 용어를 처음 사용했고, 메이지 유신 직후 후쿠자와 유키치福澤諭吉가 『세계국진世界國盡』에서 독일 인류학자 블루멘바흐Johann Friedrich Blumenbach의 5대 인종 이론을 소개하며 대중화시켰다.[7]

---

6   신기욱, 『한국 민족주의의 계보와 정치』, 이진준 옮김, 창비, 2009.
7   竹澤泰子, 「明治期の地理教科書にみる人種·種·民族」, 『人文學報』, vol. 114, 2019, pp. 205~38. 블루멘바흐는 두개골 형태와 얼굴 구조, 피부색 등에 따라 코카서스, 몽골, 에티오피아, 아메리카, 말레이 인종으로 나뉜다고 주장했다.

한국에서는 1883년에 최초의 근대 신문인『한성순보漢城旬報』가 이 5인종 이론을 설명하며 '인종'이라는 말이 처음 등장했다. 1890년대에는 '조선 인종'을 '일본 인종'과 구별되는 독립된 집단이자 "동양 황종 중 일등 인종"이라고 칭하며 정치적, 생물학적 의미를 동시에 내포하게 되었다.[8] 여기에 '民族'이라는 용어가 등장하면서 상황은 복잡해졌다. 이 용어 역시 일본의 번역어에서 출발했다. 1870년대 일본의 법학자 가토 히로유키加藤弘之는 독일어 'Volk'와 'Nation'의 미묘한 개념 차이를 옮기기 위해 고심했다. 그는 국가라는 정치적 단위를 의미하는 'Volk'는 '국민國民'으로, 혈통 및 문화를 공유하는 집단을 의미한다고 이해한 'Nation'은 생물학적 혈통을 암시하는 '민종民種'으로 번역해 이 둘을 구별하고자 했다. '씨앗 종種'자가 들어간 '민종'이라는 단어는 태생적으로 생물학적 핏줄의 의미를 강하게 내포하고 있었다. 이후 1890년대 말 중국의 정치가 량치차오梁啓超가 이 '민종'을 '민족'으로 수정해 여러 저술에 사용했고, 그에 큰 영향을 받은 1900년대 초 한국의 지식인들은 이 '민족'이라는 어휘를 인종적 분류의 수단으로 받아들였다. 1900년『황성신문皇城新聞』기사에서 '동방민족'과 구별되는 '백인민족'이라고 언급한 것이 한 가지 예시다.[9]

8   나인호,「'인종'에서 '민족'으로: 한국적 인종주의의 형성에 관한 개념사적 고찰, 1880~1910」,『한국동양정치사상사연구』, vol. 21, 2022, pp. 81~82, 90~93.

보다 결정적인 사건은 1920~30년대에 일어났다. 당시 식민지 조선의 과학계는 '민족'을 '인종'의 과학적 동의어로 사용했다. 식민지 조선의 유일한 고등교육기관이던 경성제국대학 의학부 해부학교실의 체질인류학자들은 "조선민족朝鮮民族"의 생물학적 특성을 연구한다며 한반도와 만주에서 광범위한 현지 조사를 진행했다. 이 프로젝트를 이끌었던 해부학교실의 우에다 쓰네키치上田常吉는 연구 성과를 정리하면서 "조선 민족은 일본 민족과 동일한 Volk는 아니지만 같은 Rasse에 속한다"고 주장했다.[10] 여기서 우에다가 사용한 'Volk'는 단순히 국가에 속한 정치적 구성원을 뜻하는 것이 아니었다. 그는 이를 혈통과 문화를 공유하는 고유한 집단, 즉 '민족'의 의미로 사용했다. 이 미묘한 구분은 당시 제국주의의 이중적인 통치 논리를 정교하게 뒷받침하는 것이었다. 같은 "Rasse"(인종)라는 점은 조선인과 일본인이 생물학적으로 유사하므로 내선일체가 가능하다는 동화 정책의 근거가 되었다. 반면 다른 "Volk"(민족)라는 점은 두 집단 사이에 엄연한 문화적, 형질적 차이가 존재하므로, 조선인을 식별하고 분류하여 차별적으로 관리하는 것이 과학적으로 타당하다는

9 「[寄書]漆夏生」, 『皇城新聞』, 1900년 1월 12일.

10 Jaehwan Hyun, "Race and Ethnicity," in Andrew Denning and Heidi J. S. Tworek(eds.), *The Interwar World*, New York: Routledge, 2023, pp. 263~78.

논리로 이어졌다. 즉, 우에다의 발언은 '민족'이 단순한 문화적 집단이 아니라 측정 가능한 신체적 특징을 가진 생물학적 집단이라는 의미로 과학계 내부에서 사용되고 있었음을 보여준다.

이러한 식민지 과학의 유산은 해방 이후 단절되지 않고 한국인 과학자들에게 그대로 이어졌다. 일제 강점기의 교육 체제에서 훈련받은 이들은 '민족'을 문화적 공동체가 아닌, 측정하고 규명해야 할 생물학적 탐구 단위로 내면화하고 있었다. 흥미로운 점은 이들이 식민지 시기에 습득한 이러한 인종주의적 연구 방법론을 폐기하지 않고, 오히려 이를 전유하여 대한민국이라는 신생 국가의 정당성을 마련하는 도구로 탈바꿈시켰다는 사실이다. 해방된 조국에서 '한민족'의 생물학적 실체를 규명하는 것은 과학자들에게 주어진 애국적 책무로 여겨졌다.[11]

우에다의 제자였던 체질인류학자 나세진은 해방 후 서울대학교 의과대학 해부학교실의 교수가 되어 "한국인의 체질에 관한 연구"를 수행했다. 그는 수많은 인체 계측치를 분석한 뒤, 한민족이 중국인, 몽골인, 일본인 등 "근린민족"의 영향을 받았음에도 불구하고 "통일 민족을 과시하는 상징을

---

11   Jaehwan Hyun, "Racializing Chōsenjin: Science and Biological Speculations in Colonial Korea," *East Asian Science, Technology and Society*, vol. 13, no. 4, 2019, pp. 489~510.

많이 보유한" "체질적으로 독립적인 민족"이라는 결론을 내렸다.[12] 이는 주변국과 섞였으되 섞이지 않았다는, 다분히 모순적이지만 분명한 민족주의적 선언이었다. 나세진에게 민족의 독립성은 정치적 구호가 아니라 뼈와 살을 측정하여 증명할 수 있는 객관적 사실이어야 했다.

유전학 분야에서도 유사한 작업이 더욱 구체적인 지리적 경계 설정과 함께 진행되었다. 1950년대 한국 유전학계를 이끈 서울대학교 동물학과의 강영선은 1954년 "한국인 집단 유전학 연구"를 시작하며, 그 목표가 "한민족의 생물학적 본질을 규명하는 데 있다"고 천명했다.[13] 주목할 점은 그가 데이터를 수집한 장소들이다. 그는 울릉도, 제주도, 흑산도 등 남한 영토의 최동단, 최남단, 최서단에 위치한 섬들을 찾아다니며 혈액형과 유전 형질을 조사했다. 이는 한국전쟁 이후 확정된 대한민국 영토의 물리적 국경선을 한민족이라는 생물학적 집단의 경계와 일치시키려는 시도였다. 신생 독립국가 대한민국의 영토 끝자락에 사는 사람들까지 유전적으로 '우리'임을 증명함으로써, 국가의 경계와 민족의 경계, 그리고 인종의 경계를 하나로 포개어 놓으려 했던 것이다.

---

12   나세진, 「한국민족의 체질인류학적 연구」, 고려대민족문화연구원 엮음, 『한국문화사대계 1: 민족, 국가사』, 고려대학교출판부, 1964.

13   강영선·조완규, 「韓國人의 遺傳學的 硏究: 數個地方에 있어서의 人口動態에 關하여 1」, 『서울大學校 論文集』 5, 1957, pp. 129~43.

이러한 해방 이후의 분위기 속에서 과학자들은 모든 연구 결과를 한국인이 '단일민족'이라는 전제하에 해석하려는 경향을 보였다. 1956년 서울대학교 약학대학의 한구동은 1,088명의 한국인을 대상으로 쓴맛을 느끼는지 알아보는 PTC 미맹 검사를 실시한 결과, 한국인의 미맹 빈도가 세계적으로 낮게 나타났다고 보고했다. 그러면서 이를 "한국인이 세계에서 가장 미맹이 적은 민족"이며, "한국 민족이 단일민족으로서 민족의 큰 이동과 또한 타민족 간의 혼혈이 거의 없었음"을 보여주는 증거라고 비약하여 결론지었다.[14] 이는 과학적 데이터가 민족의 순수성을 증명하는 도구로 활용된 전형적인 사례였다.

이러한 경향은 이후 시기에도 이어졌다. 대표적인 인물이 한국 혈액학의 개척자로 알려진 연세대학교 의과대학의 이삼열이다. 그는 1960년대 후반 무렵부터 1970년대 초반 사이에 일련의 혈액형 연구를 통해 한국인의 혈통적 순수성을 입증하는 데 몰두했다. 이삼열은 방대한 ABO식 혈액형 데이터를 분석한 결과, 한국인은 인근 민족과 피가 섞이지 않은 "단일민족"인 반면, 중국인과 일본인은 여러 혈통이 섞인 "잡종민족"이라고 주장했다. 흥미로운 점은 그가 이러한 연구를

14   한구동, 「Phenyl-thio-carbamide(P.T.C.)에 의한 韓國人味盲에 關한 研究: 第1報 味盲의 出現頻度 및 性, 年齡과의 關係」, 『서울대학교 論文集』 4, 1956, pp. 53~62.

과학적 자주성의 확립으로 여겼다는 사실이다. 과거 일제 강점기 일본 과학자들이 조선인을 일본인과 묶어 분류하거나 동화시키려 했던 식민지 과학에 맞서, 한국인을 생물학적으로 완전히 독립된 집단으로 분리해내는 것이야말로 진정한 독립이라는 논리였다. 즉, 이삼열에게 혈액형 연구는 단순한 의학적 탐구가 아니라, 과학이라는 도구를 통해 민족의 경계를 핏줄로 확정 짓는 치열한 탈식민주의적 저항의 일환이었던 것이다.[15] 이처럼 해방 후 한국 과학계에서 상당히 오랫동안 '단일민족'은 신화가 아니라 실험실에서 증명 가능한 과학적 사실로 간주되었다.

데이터가 말해주는 현대 과학계의
'인종'과 '민족'의 혼용

이상의 역사적 맥락은 과거의 유물로 남았을까? 식민지 시기에 형성된 '민족'을 생물학적 '인종'과 동일시하는 분류 관행이 오늘날의 최첨단 유전체학 시대에도 여전히 작동 중인지를 확인하는 것은 매우 중요한 과제다. 만약 과학자들이 대외

15   Jaehwan Hyun, "Blood Purity and Scientific Independence: Blood
      Science and Postcolonial Struggles in Korea, 1926~1975," *Science in
      Context*, vol. 32, no. 3, 2019, pp. 239~60.

적으로는 "인종은 없다"고 선언하면서도 실제 연구 현장이나 과학 바깥과의 커뮤니케이션 과정에서 여전히 인종적 범주를 사용하고 있다면, 이는 결국 '민족'이라는 이름으로 '인종'이 과학계 내에서 활용되고 있음을 시사하기 때문이다.

이 의문에 대한 객관적인 답을 찾기 위해 나는 한국의 대표적인 학술 데이터베이스인 학술연구정보서비스RISS와 한국과학기술정보연구원의 과학기술 지식인프라 서비스 ScienceOn를 활용한 체계적 문헌 고찰을 진행했다. 체계적 문헌 고찰은 연구자의 주관이나 입맛에 맞는 자료만 골라내는 편향을 배제하기 위해 고안된 연구 방법론으로, 미리 설정한 명확한 기준에 따라 해당 주제와 관련된 모든 문헌을 전수 조사하여 데이터를 추출하는 과정이다. 나는 이러한 절차를 통해 1945년부터 2022년까지 출판된 자연과학 및 의약학 분야의 논문과 국가 연구개발 보고서들을 "한국인 집단"이라는 키워드로 샅샅이 훑었다. 그리고 이 중 유전학적 데이터를 다루는 연구들을 하나하나 선별하여, 과연 그들이 인간 집단을 어떤 용어로 명명하고 분류하고 있는지 분석했다.[16]

16   이에 관한 자세한 분석은 다음의 논문을 참고하라. Jaehwan Hyun, "Translation Matters: Racial Classification in South Korean Genetic and Genomic Research," in Tino Plümecke, Nils Ellebrecht, Isabelle Bartram, Veronika Lipphardt, Jenny Reardon, and Andrea zur Nieden (eds.), *The Order of People: Contesting Bio-Scientific Human Classifications*, Bielefeld: Transcript, 2025, pp. 133~49.

그 결과는 충격적이었다. 우리는 흔히 과학은 객관적이고 가치중립적인 용어를 사용할 것이라고 기대하지만, 체계적 문헌 고찰을 통해 드러난 한국 유전학 연구 현장의 언어는 혼란 그 자체였다. 먼저 RISS에서 추출한 1973년부터 2022년 사이의 국문 논문 105편을 분석한 결과를 살펴보자. 놀랍게도 '민족'이라는 단어가 무려 56편의 논문에서 사용되었다. 여기서 주목해야 할 점은 '민족'이라는 단어가 쓰인 맥락이다. 이 단어는 영어의 'population' 'race' 'ethnic group,' 심지어 'ancestry'나 'geographic origin' 등 서로 다른 뉘앙스와 학술적 정의를 가진 영어 단어들의 번역어로 무차별적으로 사용되고 있었다. 이는 한국 과학계에서 '민족'이 특정한 문화적 공동체를 지칭하는 용어가 아니라, 유전적 차이를 설명하는 어떤 영어 단어든 다 받아주는 만능 번역어로 기능하고 있음을 보여준다. 즉, 과학자들은 '집단'이라고 써야 할 곳에도, '인종'이라고 써야 할 곳에도 습관적으로 '민족'을 대입함으로써, 모든 생물학적 차이를 '민족적 차이'로 환원시키고 있었다.

'인종'이라는 용어의 생명력 또한 예상보다 훨씬 질겼다. 분석 대상 논문 중 1982년부터 2021년까지 19편의 논문이 여전히 '인종'이라는 단어를 사용하고 있었다. 여기서 매우 흥미로운, 그리고 이중적인 현상이 발견된다. 한국의 과학자들은 영어로 된 논문이나 초록을 작성할 때는 2000년대 중반 이후 'race'라는 단어를 거의 사용하지 않았다. 이는 서구 학계에서 인종 개념이 폐기된 흐름을 의식한 결과로 보인다. 그러나 정작 한국어로 된 본문에서는 '인종'이라는 단어가 여전히 빈번하게 등장했다. 이는 한국 과학자들이 국제 학계의 눈높이에 맞춰 대외적으로는 'race'를 쓰지 않는 코드 스위칭code switching을 하면서도, 내부적으로는 이 범주가 유효하다는 인식을 버리지 못했음을 시사한다.

그렇다면 현대 인류학이나 사회학에서 생물학적 인종을 대체하기 위해 도입한 문화적 개념인 '종족'은 어땠을까? 한국어 번역어인 '종족'은 1990년대 중반 단 세 편의 논문에 잠시 등장했을 뿐, 최근 연구에서는 사실상 멸종된 단어나 다름없었다. 그나마 쓰인 경우에도 '백인' '흑인' 같은 전통적인 인종 분류와 뒤섞여 사용되어, 그 본래의 취지를 살리지 못했다.

ScienceOn을 통해 국가 예산이 투입된 연구개발 보고서를 분석한 결과는 더욱 심각한 현실을 보여준다. 1985년부터 2022년까지의 보고서 97건을 분석한 결과, '인종'이라는 단어는 무려 64편의 보고서에서 사용되어 35편의 '민족'에 비해 압도적으로 많았다. 특히 주목해야 할 패턴은 2000년대 이후의 변화다. 앞서 말했듯, 2003년 인간 게놈 프로젝트의 완료와 함께 국제적으로는 생물학적 인종 개념이 폐기되면서 영어권에서 'race' 사용이 급격히 줄어들었다. 하지만 역설적으로 한국의 국가 보고서에서는 2010년대에 '인종'이라는 단어 사용이 오히려 정점을 찍었다. 이는 한국의 유전학 및 의학 연구가 '인종'이라는 낡은 틀을 버리기는커녕 다문화 사회로의 진입이나 질병 유전체 연구의 필요성 등과 맞물려 오히려 '인종' 개념을 더 적극적으로 호출하고 있음을 보여준다. 심지어 19건의 보고서는 '민족'과 '인종'을 한 문서 안에서 동시에 사용하고 있었는데, 이는 두 용어가 연구자들 사이에서 엄밀히 구분되는 개념이 아니라 사실상 동의어처럼, 혹은 서로를 보완하는 생물학적 범주로 혼용되고 있음을 명확히 보여주는 증거다. 예를 들어, 2012년의 한 법의학 논문은 "아프리카계 미국인, 코카서스인, 히스패닉계 미국인"을 서양 '민족'으로, "한국인, 일본인, 중국인"을 동아시아 '민족'으로 분류했다. '민족'이 '인종'과 정확히 같은 의미로 쓰인 것이다. 2011년의 한 연구 보고서는 '한국 인종'을 '일본 인종' 및 '중국 인종'과 유전적으로 구별하고 있고, 2020년의 보고서는 'ethnic group'을 '인종'으로 번역하고 있었다.[17]

이러한 경향은 과거의 일이 아니라 지금도 진행 중인 현재의 문제다. 2024년에 발표된 유전질환 관련 국가 연구개발 보고서들을 살펴보면, 영어 단어 'race'는 전혀 쓰이지 않았지만 한국어 '인종'과 '민족'은 여전히 핵심 키워드로 등장한다. 예를 들어, 한 연구는 "유전질환의 변이는 인종과 민족에 따라 고유한 특성을 보인다"며 한국인을 포함한 동아시아인 대

---

17   이 소절에서 언급되는 보고서들의 자세한 출처는 앞에서 언급한 Jaehwan Hyun, "Translation Matters"에서 확인할 수 있다.

상 연구의 절실함을 역설했다. 이는 연구자들이 '인종'과 '민족'을 유전적 특성을 결정짓는 실재하는 생물학적 요인으로 간주하고 있음을 단적으로 보여준다.[18] 내가 검토한 수백 건의 자료 중 2018년에 나온 단 한 편의 생물인류학 보고서만이 "집단, 인종, 선조, 국가 등 다양한 개념들이 무비판적으로 혼합되고 있다"며 이러한 관행에 문제를 제기했을 뿐이다. 대다수의 연구자들은 이러한 용어의 혼란을 전혀 문제라고 느끼지 못하거나 관습적으로 용인하고 있었다.

문헌 고찰의 결과는 다음과 같은 시사점을 제공한다. 첫째, 한국 과학자들은 국제적 기준에 맞춰 영어로는 'race'를 버렸을지 몰라도, 한국어로는 '인종'을 결코 버리지 않았다. 2022년까지도 유전학의 중심부에서 '인종'은 생물학적 차이를 설명하는 유효한 도구로 버젓이 통용되고 있었다. 둘째, '민족'은 모든 집단 분류를 뭉뚱그리는 마법의 단어가 되었다. 연구자들은 '민족'이라는 단어 하나로 인종적 차이, 지리적 기원, 유전적 집단을 모두 설명하려 한다. 셋째, 과학 현장에서 '인종'과 '민족'은 서로 다른 개념이 아니라, 생물학적 집단을 가리키는 유의어로서 끊임없이 교차하며 사용된다. 이는 한국 사회에서 '민족'이 여전히 강력한 혈통적 의미를 지니

<hr>

18   박종은, 「인구집단 유전체 데이터베이스를 이용한 한국인 질병 보인자 빈도 및 유병률 예측과 실제 적용」(국가R&D연구보고서), 한양대학교, 2024.

고 있음을 방증한다. 마지막으로, 문화적 차이를 강조하는 '종족ethnic group'이라는 개념은 한국 과학계에 뿌리내리지 못했다. 결국 한국 과학계는 '인종'이라는 익숙한 이름 아래, 그리고 '민족'이라는 번역어 뒤에 숨어, 여전히 사람들을 생물학적으로 구획 짓고 그 차이를 본질화하는 관행을 답습하고 있는 셈이다.

인종의 '생물학적 실체화'라는 비탈길

이러한 데이터 분석 결과는 인종은 사회적 구성물이며, 민족은 문화적 집단이라고 엄격히 구분해온 인문·사회과학계의 비판이 적어도 한국 과학계의 현실과는 동떨어져 있음을 보여준다. 과학자들은 '인종'과 '민족'을 생물학적 차이를 표현하는 대리물로 계속해서 사용해왔고, 지금도 사용하고 있다.

이처럼 '인종'과 '민족' 용어를 뒤섞어 쓰는 관행은 국제 프로젝트의 용어를 번역할 때 극대화된다. 'race' 대신 'ethnicity'나 'ancestry' 같은 대안 용어를 공식 채택한 국제 햅맵 프로젝트International Haplotype Mapping Project나 1000 게놈 프로젝트 관련 논문 및 보고서 들조차 이 용어들을 한국어로 번역할 때는 어김없이 '인종'을 사용했다. 그 결과 서두의 과학자들이 단언했듯 'race'라는 영어 단어는 사라졌을지 몰라도, '인종'과 '민족'이라는 한국어 용어를 통해 '인종' 개념은 생물학적 실재인 양 계속해서 과학계 안팎을 배회하고 있다. STS 연구자들은 이를 "인종의 생물학적 실체화biological reification of race"라고 부른다.

이 실체화는 과학 기사를 통해 대중에게 전달될 때 증폭된다. 2019년, 생명공학 기업 마크로젠이 참여한 '게놈 아시아 100K' 컨소시엄의 『네이처』 논문 게재 소식을 한 가지 사례로 살펴보자. 마크로젠이 배포한 국문 보도자료는 영문 원본의 'ethnic group'이나 'descent' 같은 용어들을 각각 '인종'과 '종족'으로 번역했다. 그 결과 "아시아 24개국 142개 종족" 유전체를 분석했으며 "역대 아시아인 유전체 연구 가운데 [분석한] 인종 수가 가장 많다"는 기사가 쏟아졌다. 한 뉴스 기사는 이 연구가 "각 지역별, 민족별로 다른 특성을 보이는 아시아인들의 유전체 패턴을 완성"했으며 "인종별 맞춤치료"의 길을 열었다고 보도했다.[19] 영문 원본 어디에도 'race'라는 단어는 없었지만, 한국 대중은 이 연구를 '인종' 간 생물학적 차이를 규명한 과학적 성과로 받아들이게 되었다.

결국 한국 과학계가 인종 개념을 포기했는가라는 질문에 우리는 이렇게 답할 수밖에 없다. 'race'라는 단어는 포기했을지 모르나, '인종'이라는 개념은 포기하지 않았다고. 오히려

19   임유 기자, "亞 142개 종족 유전체 DB 구축… 마크로젠 "인종별 맞춤치료 길 열려"," 『한국경제』, 2019년 12월 5일.

'민족'이라는, 한국 사회에서 훨씬 더 영향력 있으면서 친숙한 용어 속에 그 생물학적 함의를 담아 계속 사용하고 있다고. 이러한 과학적 관행은 1920년대 식민지 체질인류학에서부터 이어진 인종 과학의 유산이다.

그리고 이것이 바로 포용을 목적으로 하는 다민족 과학이 혐오와 차별을 정당화하는 인종 과학으로 미끄러지는 비탈길의 시작이다. 과학자들의 선의와 무관하게, 그들이 무심코 사용하는 구별의 언어는 다음 장들에서 보게 될 상업화, 역사 분쟁, 그리고 국가 통치의 논리와 결합하며 위험한 공간들을 열어젖힌다.

2장

아시아인 유전체 주식회사

2020년 1월, 한국 바이오 산업의 상징적인 인물이자 마크로 젠의 창립자인 서정선은 한 경제지에 매우 도발적인 제목의 칼럼을 기고했다. 바로 "아시안 게놈 빅데이터를 확보하라" 라는 것이었다.[1] 그는 이 글에서 마크로젠이 주도적으로 참여 한 '게놈아시아 100K 이니셔티브'가 거둔 성과, 즉 아시아 전 역의 142개 소수 고립 부족의 유전체를 분석한 연구가 『네이 처』에 게재된 사실을 자랑스럽게 소개했다. 이 칼럼에서 그 는 한국 생명공학이 나아가야 할 비전과 전략, 그리고 아시아 라는 공간을 어떻게 생물학적으로, 동시에 상업적으로 재구 성할 것인지에 대한 청사진을 밝혔다. 그는 이 연구가 아시아 인의 유전적 다양성을 포괄하는 최초의 대규모 데이터임을 강조하며, 이것이 곧 한국 바이오 산업의 미래 먹거리임을 천 명했다.

서정선의 논리는 명쾌했을 뿐만 아니라 꽤나 설득력이 있었다. 그는 "현재 전 세계 게놈 데이터의 80퍼센트 이상이 백인들을 분석한 것"이라며 서구 중심의 유전체 연구가 가진 한계를 지적했다. 백인 데이터에만 의존해서는 아시아인의 질병을 정확히 예측하고 치료하는 데 한계가 있을 수밖에 없 다는 것이다. 따라서 아시아인을 위한 정밀의학 수요는 폭발 적으로 증가할 것이며, 이 "아시안 게놈 빅데이터" 시장을 누

1   서정선, "[한경에세이] 아시안 게놈 빅데이터를 확보하라,"
     『한국경제』, 2020년 1월 3일.

가 선점하느냐가 미래 의학의 패권을 결정짓는다는 것이 그의 주장이었다. 흥미로운 점은 그가 이 데이터의 가치를 설명하면서 한국팀의 기여를 민족주의적 서사와 결합시켰다는 사실이다.

그는 한국 연구팀의 주도로 몽골 등 '북방계 아시아인 데이터'가 충실히 확보되었음을 강조했다. 그가 몽골 고립 부족 데이터에 그토록 큰 의미를 부여한 이유는 무엇일까? 서정선에게 이 데이터는 "상하이를 중심으로 한 남방계 아시아인인 중국의 한족과도 구별되는 독자적인 것"이었다. 즉, 그는 이 연구를 통해 "아시아는 곧 중국"이라고 간주하곤 했던 서구의 편견을 깨뜨리고, 한국인이 아시아 유전체 분석의 주도권을 쥐게 되었다고 믿었다. 중국이 거대한 인구수를 앞세워 아시아 유전체 표준을 장악하려는 상황에서, 한국은 북방계 아시아인이라는 독자적인 카테고리를 통해 이에 맞서야 한다는 전략적 판단이 깔려 있었던 것이다. 이는 과학적 발견인 동시에, 아시아 유전체 시장에서 주도권을 놓치지 않으려는 한국 자본의 치열한 생존 본능이 투영된 결과였다.

서정선의 구상은 한반도라는 지리적 경계를 훌쩍 뛰어넘어 아시아 전역으로 확장되었다. 그는 몽골, 만주, 북한을 잇는 "북방계 DNA 이주 루트"와 인도로 이어지는 "남방계 DNA 이주 루트"를 밝혀내고, 이를 아시아인들의 질병 정보와 연결해야 한다고 주장했다. 심지어 그는 "순록치기 부족"

인 "몽골 차탕 부족 DNA에서 백두대간을 타고 한반도로 유입된 한민족의 흔적이 발견되었다"는 구체적인 사례를 들기도 했다. 이러한 주장은 인류의 이동 경로라는 과거의 역사를 규명하는 데 그치지 않고, 아시아인 유전체 연구가 곧 한국의 "보건의료 분야 4차 산업혁명"을 가져올 것이라는 장밋빛 미래 예측으로 이어졌다. 과학적 호기심과 산업적 비전이 '민족의 기원'이라는 매개체를 통해 하나로 융합된 순간이었다.

얼핏 보기에 이 서사는 완벽하게 진보적이고 탈식민주의적인 제스처처럼 보인다. '단일민족'이라는 좁은 울타리를 넘어 '아시아인'이라는 더 포괄적인 집단을 연구 대상으로 삼기 때문이다. 또한 유전체 의학의 백인 중심주의라는 고질적인 인종적 불평등에 도전장을 내미는 시도로 읽히기도 한다. 국내 체류 외국인의 85퍼센트 이상이 아시아계라는 현실을 고려할 때, '아시아인을 위한 정밀의학'이라는 슬로건은 이 책이 다루는 다민족 과학의 가장 이상적인 모습처럼 비칠 수 있다. 서구의 과학이 소외시켰던 아시아인의 유전적 특성을 규명하고, 이를 통해 아시아인에게 최적화된 의료 서비스를 제공하겠다는 목표는 윤리적으로도 타당해 보이기 때문이다.

하지만 우리는 이런 야심 찬 생명경제적 비전에 손쉽게 동의하기보다는 잠시 멈춰 서서 비판적인 질문을 던져야 한다. 과연 이 프로젝트는 백인 중심주의에 대한 탈식민주의적 의분이나 폐쇄적인 단일민족론에 대한 성찰에서 출발한 것일까? 혹시 그 이면에는 우리가 미처 보지 못한 다른 동역학이 작동 중인 것은 아닐까? 이 장에서는 한국 과학계에서 '아시아인 유전체'라는 슬로건이 탄생하게 된 기원을 추적한다. 그 과정을 들여다보면 우리는 사회 정의나 인류애보다는 1990년대 인간 유전체 프로젝트Human Genome Project 이후 본격화된 생명자본주의biocapitalism의 상업화 전략을 마주하게 된다. 아시아인 유전체는 틈새시장을 찾던 한국 바이오 벤처의 생존 전략이었고, 이 과정에서 아시아 선주민 집단의 유전정보는 자원으로 대상화되었다.

중진국의 딜레마와
'한국인 유전체' 주식회사의 탄생

1980년대와 1990년대에 세계 생명과학계는 유전자가 곧 자본이 되는 거대한 전환기를 맞이하고 있었다. 신자유주의의 흐름 속에서 생명공학은 황금알을 낳는 거위로 부상했고, 1990년 미국 주도로 시작된 인간 유전체 프로젝트는 그 정점이었다. 이것은 단순히 인체의 신비를 밝히는 학문적 탐구가 아니라 유전 정보라는 미래의 핵심 자원을 누가 선점하느냐를 두고 벌이는 기업 간, 국가 간 경쟁이었다. 바야흐로 생명체 자체가 자본 축적의 원천이 되는 생명자본주의 시대가 도

래한 것이다.[2]

이 거대한 흐름 앞에서 한국 생명공학계는 중진국의 딜레마에 직면했다. 당시 인간 유전체 프로젝트를 이끌던 제임스 왓슨James Watson은 경제력에 상응하는 투자를 하지 않는 나라에는 연구 결과를 공유하지 않겠다고 선언하며 후발 주자들을 압박했다. 이는 한국 같은 어중간한 위치의 국가에게는 커다란 위기로 다가왔다. 한국과학기술원KAIST의 강창원 교수가 토로했듯이, 한국이 과거와 같이 개발도상국 수준에 머물러 있었다면 기술 원조라도 기대하겠지만, 적어도 경제적으로는 선진국의 문턱에 있던 당시 한국의 애매한 위치에서는 선진국 수준의 막대한 투자를 할 여력도, 그렇다고 개발도상국형 원조를 받을 처지도 아니었던 것이다. 한국 과학계는 독자생존의 길을 모색해야만 했다.

이 절체절명의 위기에 대한 해법으로 제시된 것이 바로 틈새시장 전략, 즉 한국인 유전체 연구였다. 강창원을 비롯한 당시 과학자들은 서양인 위주의 인간 유전체 프로젝트 데이터에는 없는, 한국인에게서만 발견되는 유전질환이나 특이유전자가 분명히 존재할 것이라고 판단했다. 선진국 과학자

2   이두갑, 「유전자와 생명의 사유화, 그리고 반공유재의 비극: 미국의
     BRCA 인간유전자 특허 논쟁」, 『과학기술학연구』, vol. 12, no. 1,
     2012, pp. 1~43; Robert Cook-Deegan, *The Gene Wars: Science,
     Politics, and the Human Genome*, New York: W.W. Norton & Co.,
     1994.

들이 굳이 관심을 두지 않을 "한국인 특유의 유전자"를 연구하여 우리만의 독자적인 경쟁력을 확보하자는 논리였다. 세계적인 거대 프로젝트를 따라잡을 수 없다면, 우리만이 가진 데이터를 무기로 삼아 협상력을 높이자는 철저히 실리적인 접근이었다.[3]

이때부터 한국인의 유전체는 단순한 생물학적 정보가 아니라, 국제적으로 막 출현하던 생명경제에서의 학문적, 상업적 생존을 위한 '자원 무기'로 격상되었다. 1995년 정부 보고서가 DNA 데이터를 '석유나 천연가스'에 비견되는 국가적 자원으로 규정한 것은 결코 우연이 아니었다.[4] 한국인을 체내의 유전자를 캐내어 팔 수 있는 자원으로, 선진국의 기술 장벽을 뚫을 수 있는 무기로 인식하기 시작한 것이다. 이에 따라 1990년대 후반부터 2000년대 초반까지, 위암이나 간암처럼 한국인에게 흔한 질병 유전자를 찾는 한국인 유전체 사업들이 국책 사업으로 대거 등장했다.

정부 주도의 대형 프로젝트들은 민간 기업들이 성장할 수 있는 비옥한 토양이 되었다. 1999년 '21세기 프론티어 연구개발사업'을 시작으로 2000년대 초반 포스트 게놈 사업들

3   강창원, 「Human Genome Project와 우리」, 한국인체유전자연구회
     엮음, 『인체 게놈 연구 (I)』, 1990, pp. 4~5.
4   고려대학교 유전공학연구소, 「게놈 분석 이용 기술」, 과학기술처,
     1995, p. 70.

이 이어지면서, 마크로젠, 디엔에이링크, 테라젠이텍스 같은 유전체 분석 기업들이 우후죽순 생겨났다. 이들은 정부의 자금 지원과 방대한 한국인 유전체 데이터를 바탕으로 기술력을 축적했고, 점차 민간 시장으로 눈을 돌리기 시작했다. 당시 언론이 "한국인 유전자가 쏟아진다"고 표현할 정도로, 바야흐로 '한국인 유전체 주식회사'의 시대가 열리고 있었다.[5]

이 시기의 유전체 연구 경쟁은 매우 치열했다. 특히 2000년대 후반에는 서울의대 서정선 팀과 국가생물자원정보관리센터의 박종화 팀이 '최초의 한국인 전체 염기서열 분석'이라는 타이틀을 두고 속도전을 벌이기도 했다. 이 경쟁은 단순한 과학적 성취를 넘어, 누가 한국인 유전체 데이터의 주도권을 쥐고 상업화의 고지를 차지할 것인가를 둘러싼 자본의 대리전 양상을 띠었다. 한국인 유전체는 이제 과학적 탐구의 대상을 넘어, 기업의 가치를 높이고 투자를 유치하기 위한 핵심 자산으로 완전히 자리매김했다.

상업적 전략으로서의 아시아주의

1990년대 말까지만 해도 한국 유전체학계 내부에는 한국만

5   김홍재·이영완·최향아, 「한국인 유전자가 쏟아진다: 코리안 게놈프로젝트」, 『과학동아』, 2002년 11월, pp. 62~83.

의 독자적인 표준을 만들어야 한다는 위기의식이 크지 않았다. 당시 연구자들은 인간 유전체 프로젝트가 백인을 중심으로 수행된다는 사실을 인지하고 있었지만, 이를 인종차별이나 과학적 불평등의 문제로 심각하게 받아들이지는 않았다. 오히려 이대실 유전체사업단장 같은 이들은 서양인을 기준으로 볼 때 한국인 데이터는 일종의 변종에 불과하므로, 굳이 막대한 예산을 들여 한국인만의 표준을 구축하는 것은 비효율적이라는 실리적인 입장을 취하기도 했다. 이때까지만 해도 한국인 유전체 연구는 위암이나 간암처럼 한국인에게 흔한 질병 유전자를 찾아 국민 건강에 이바지한다는, 다분히 내수 지향적이고 소박한 틈새시장 전략에 머물러 있었다.

그러나 2000년대에 접어들며 상황은 급변했다. 유전체 분석 기술이 비약적으로 발전하고 바이오 산업이 황금알을 낳는 거위로 부상하면서, 한국의 인구 규모는 산업의 성장을 가로막는 결정적인 한계로 여겨지기 시작했다. 신약을 개발하거나 진단 키트를 만들어 바이오 기업들을 성장시키는 것이 한국 내수 시장의 규모만으로는 투자 대비 수익을 맞추기 어렵다고 여겨졌던 것이다. 아이슬란드의 디코드deCODE사가 고립된 섬나라의 인구 집단을 통째로 분석해 거대 제약사에 데이터를 판매하는 모델을 성공시킨 것을 목격한 한국의 바이오 벤처들은 자신들도 유사한 규모의 경제를 달성해야 한다고 판단했다. 한국의 유전체 기업들로서는 한반도라

는 지리적 경계를 넘어설 새로운 시장과 명분이 절실했던 것
이다.

이러한 상업적 교착 상태를 타개하기 위해 고안된 전략
이 바로 범아시아주의였다. 이는 연구 대상을 한국인에서 아
시아인 전체로 확장함으로써 시장의 파이를 획기적으로 키
우자는 기획이었다. 이 흐름을 주도한 마크로젠의 서정선은
2001년 '몽골리안 프로젝트'라는 새로운 비전을 제시했다. 그
는 한국이라는 좁은 우물에 갇혀 있을 것이 아니라 시야를 넓
혀 "황색 인종" 전체를 유전체 연구와 그 성과의 대상으로 삼
아야 한다고 주장했다. 서정선은 한국, 중국, 일본, 몽골을 잇
는 '몽골리안 벨트'의 유전적 공통성을 규명하는 몽골리안 프
로젝트를 진행하면 "5년 후쯤이면 15억 인구의 시장을 선점
할 수 있게 된다"고 단언했다.[6] 그리고 이런 주장의 이면에는
국경을 넘어 아시아 대륙으로 뻗어나가려는 한국 생명 자본
의 팽창 욕구가 놓여 있었다.

이 거대한 상업적 프로젝트를 정당화하기 위해 서정선
은 매우 편리한 논리를 개발해냈다. 몽골인을 아시아인의 원
형이자 한민족과 유전적으로 거의 동일한 집단이라고 정의
한 것이다. 이 정의는 상업적 함의를 띠고 있었다. 만약 한국
인과 몽골인이 유전적으로 거의 같고, 몽골인이 아시아인의

6   김순덕 기자, "〔인물 포커스〕한국인 게놈지도 초안 작성 서정선
     교수," 『동아일보』, 2001년 7월 6일.

원형이라면, 한국인이나 몽골인을 대상으로 연구한 결과는 곧바로 아시아인 전체에 적용 가능한 표준 상품이 될 수 있기 때문이다. 이는 한국인이라는 지역적 데이터가 가지는 태생적 한계를 순식간에 뛰어넘게 만들었다. 내수용에 불과했던 한국인 유전체 정보에 '아시아인'이라는 거창한 포장지를 입히자 좁은 한반도를 벗어나 아시아 대륙을 겨냥한 글로벌 표준 상품으로 탈바꿈하게 된 것이다.

2002년 전국경제인연합회 산하 생명과학산업위원회가 정부에 공식 제출한 '동북아민족 지놈 프로젝트' 건의서를 살펴보면 그 상업적 의도가 분명하게 드러난다. 건의서는 인간 유전체 프로젝트 후발 주자인 한국이 살 길은 서구와 구별되는 "민족적 차이ethnic difference"를 파고드는 것뿐이라고 강조했다.[7] 위원회는 한국인의 유전적 데이터를 확보하고 이를 중국의 56개 소수민족 정보와 연계한다면 외국 제약사들이나 중국, 일본 등이 그 데이터를 반드시 구매할 수밖에 없을 것이라고 정부를 설득했다. 즉, 프로젝트는 아시아인의 건강 증진이라는 인도주의적 목표보다는 중국과 일본이 지갑을 열게 만들 데이터를 생산해 판매하겠다는 비즈니스 모델이었던 것이다. 정부는 아시아 인구의 미래 의약 시장을 선점할 수 있다는 전경련의 상업적 제안을 수용했고, 2003년 '동북아민

---

7   전국경제인연합회 생명과학산업위원회, 「동북아민족 지놈사업 추진에 관한 의견」, 2002.

족 기능성 게놈 프로젝트'가 발족하며 국가적 지원이 시작되었다.

이후 '아시아인 맞춤의학'은 한국 유전체 연구를 관통하는 핵심 슬로건으로 자리 잡았다. 한국인 유전체 지도 구축은 단순히 틈새시장을 구축하는 일을 넘어서 아시아 미래 의약 시장 선점을 위한 교두보 확보 작업이 되었다. 마크로젠이 2009년 『네이처』에 최초의 한국인 유전체 완전 해독 결과를 발표했을 때, 그들은 이를 한국인의 데이터가 아닌 "북방계 아시아인을 대표하는 표준"이라고 강조하며 그 의미를 확장했다. 마크로젠은 아프리카인, 유럽인, 남방계 아시아인과 함께 북방계 아시아인을 인류 4대 인종의 하나로 규정하고, 한국인의 유전체가 바로 그 대표성을 띤다고 주장했다. 이는 싱가포르가 남방계 중국인과 동남아시아인을 묶어 '아시아 표준'을 주장하는 것에 대한 대응이자, 한국의 데이터가 아시아 시장의 절반 이상을 차지하는 북방계 인구 집단에 통용될 수 있는 '표준 규격'임을 국제적으로 공인받으려는 시도였다.

특히 주목해야 할 점은 2009년 발표된 한국인 표준 유전체에 붙여진 이름이다. 'AK1'이라는 그 이름은 '알타이어족 한국인 1호Altaic Korean One'의 약자다. 서정선 연구팀은 이 명칭을 통해 한국인이 유전적으로 중국의 한족과는 구별되는, 독자적인 북방계 알타이어족임을 천명하고자 했다. 그들은 당시 중국이 자국민 데이터를 아시아 표준이라고 주장하는 움직임을 "게놈 동북공정"이라 명명하며 강력히 비판했다. AK1은 "아시안 게놈 전쟁"에서 주도권을 잡기 위한 한국 측의 대항마이자 민족적 자존심을 세우는 과학적 상징으로 동원되었다. 유전체 데이터에 '알타이어족'이라는 언어학적·민족적 기원을 암시하는 이름을 붙인 것은, 이 과학적 프로젝트가 처음부터 순수한 생물학적 탐구를 넘어 동북아시아의 지정학적, 역사적 맥락과 깊이 연루되어 있었음을 보여준다.

결국 2000년대 이후 한국 유전체학의 발전사는 한국인이라는 지역적 데이터를 아시아인이라는 글로벌 상품으로 격상시키기 위한 노력의 과정이었다. 하지만 이를 냉정하게 평가해본다면, 이 과정은 과학적 발견을 위한 노력이라기보다는 아시아인이라는 새로운 시장 범주를 창출하기 위한 개념적 투쟁에 가까웠다. 한국의 과학자들은 상업적 이익을 위해 아시아라는 거대한 시장이 필요했지만, 동시에 중국이라는 강력한 경쟁자와 차별화하기 위해 북방계라는 민족주의적 경계선이 필요했다. 시장 확장을 위한 범아시아주의와 경쟁 우위를 위한 배타적 민족주의를 공존하게 만든 이 모순적인 전략이야말로 아시아인 유전체라는 슬로건 아래 가려진 한국 유전체학의 실제 의도가 어떠했는지를 잘 보여준다.

잊힌 질문:
유전체 정의의 부재와 생명추출주의의 그림자

몽골인과 한국인 유전체를 아시아 표준으로 격상시키는 동안, 다른 한편에서 연구 대상이 된 아시아 선주민들에 대한 착취적 관행이라는 윤리적 문제는 애써 외면되거나 전혀 인지되지 못했다. 1990년대 서구에서는 스탠퍼드 대학교의 유전학자 루이지 루카 카발리-스포르차Luigi Luca Cavalli-Sforza가 이끌었던 '인간 유전체 다양성 프로젝트Human Genome Diversity Project'가 전 세계 선주민들의 DNA를 수집하려다 거센 윤리적 비판에 직면한 바 있다. 세계선주민회의World Council of Indigenous Peoples나 생물해적질 반대 선주민 연합Indigenous Peoples Coalition against Biopiracy(이후 생물식민주의 반대 선주민 위원회로 개명) 같은 선주민 공동체와 활동가들은 이를 두고 제국주의자들이 과거에는 우리 땅과 자원을 빼앗더니, 이제는 우리 피와 유전자까지 착취하려 한다며 분노를 터뜨렸다. 그들은 이 프로젝트를 "유전적 식민주의" 혹은 피를 빨아먹는 "흡혈귀 프로젝트Vampire Project"라고 불렀고, 이러한 비판은 서구 과학계에 큰 충격을 주었다.[8]

실제로 해당 프로젝트가 식민주의적이었는지는 긴 논쟁

8   Jenny Reardon, *Race to the Finish: Identity and Governance in an Age of Genomics*, Princeton: Princeton University Press, 2009.

거리로 남았지만, STS 학자들은 이러한 착취적 관행을 생명 추출주의bio-extractivism라고 부른다. 이는 선주민 집단의 생체 샘플과 유전 정보를 수집하면서도, 그로 인한 과학적·상업적 이득을 공정하게 분배하지 않는 불평등한 관행을 말한다. 미국에서는 이러한 비판이 실제 행동으로 이어졌다. 2004년 애리조나의 하바수파이Havasupai 부족이 애리조나 주립대학교를 상대로 소송을 제기한 것이다. 부족원들은 당뇨병 연구에만 사용할 것을 약속받고 DNA 시료를 기증했으나, 연구진이 이 시료를 부족이 금기시하는 정신분열증이나 역사적 이주 연구에 무단으로 사용했다. 2010년에 이 대학교는 부족에게 70만 달러의 보상금을 지불하고 DNA 시료를 반환하기로 합의했다.[9] 이 사건은 2002년 나바호 부족의 유전체 연구 모라토리엄과 맞물려, 미국에서 선주민 공동체에게 "데이터 주권data sovereignty"이 있다는 사실을 널리 각인시켰다. 또한 연구 과정에서 연구자의 이익뿐만 아니라 피험자 집단의 권리와 이익을 보장하는 "유전체 정의genomic justice"가 실현되어야 한다는 새로운 규범이 마련되었다. 이처럼 미국을 중심으로 한 서구 과학계에서 선주민 대상 연구는 엄격한 윤리적 검

9   Katherine Drabiak-Syed, "Lessons from Havasupai Tribe v. Arizona State University Board of Regents: Recognizing Group, Cultural, and Dignitary Harms as Legitimate Risks Warranting Integration into Research Practice," *Journal of Health & Biomedical Law*, vol. 6, 2010, pp. 175~225.

토와 합의를 요구하는 활동으로 재구성되었다.

2000년대 초반 미국을 중심으로 한 국제 과학계가 선주민의 유전체 권리와 연구 윤리를 두고 치열하게 논의하던 시기에 한국 유전체학계는 이를 전혀 고려하지 않았다. '동북아 게놈 프로젝트' 연구팀은 별다른 윤리적 고민 없이 곧장 비행기에 몸을 싣고 몽골의 초원으로 향했다. 이들의 목표는 몽골의 차탕족이나 우량카이족처럼 외부와 단절된 채 살아온 소수 선주민 집단이었다.

몽골의 선주민 집단을 대상으로 한 생명추출주의에 대한 윤리적 성찰은 프로젝트의 설계 과정에서뿐만 아니라 사업이 모두 종료된 이후로도 전무하다시피 했다. 과연 몽골의 유목민들은 자신의 피가 한국의 바이오 산업을 위한 자원으로 쓰인다는 사실을 명확히 인지하고 있었을까? 그리고 그 데이터가 수천억 원의 가치를 창출할 수 있는 상업적 자산이 된다는 사실을 충분히 이해하고 동의했을까? 생체 샘플이 그들의 문화에서 갖는 영적인 의미가 고려되었는지, 연구의 결과가 그들에게 어떤 형태로든 환원되었는지에 대한 기록은 찾아보기 힘들다. 연구자들은 훌륭한 연구 성과를 냈다고 자평했지만, 그 과정에서 대상화된 선주민들이 겪었을지 모를 잠재적 피해나 권리 침해에 대해서는 일절 언급하지 않았다.

지난 20년간 한국 사회에서는 이러한 질문이 단 한 번도 진지하게 공론화된 적이 없다. 이는 2000년대 초 황우석 사태로 인해 난자 기증과 인체유래물 연구의 윤리 문제가 국내 생명윤리학계의 최대 화두였음을 고려할 때 더욱 기이하고 모순적인 침묵이다. 한국인 피험자의 권리에는 민감하게 반응했던 학계와 대중이, 국경 밖 선주민이나 국내 이주민의 유전체 채취 문제에 대해서는 철저히 무관심했던 것이다. 그렇다면 이는 한국의 유전체 연구가 '아시아인을 위한 과학'이라는 슬로건을 내세웠으면서도 상업적 이익을 위해 타자의 신체를 도구화하는 생명추출주의적 욕망을 내재하고 있었음을 보여주는 방증은 아닐까.

국익이라는 이름의 침묵

그렇다면 한국 유전체학의 생명추출주의적 관행은 어떻게 사회적 감시와 비판의 눈을 피해 갈 수 있었을까? 가장 먼저 생명윤리 연구의 폐쇄적인 일국주의적 접근을 원인으로 꼽을 수 있다. 국내 생명윤리학계의 관심은 오직 한국인을 대상으로 한 국내 연구, 특히 사회적으로 큰 파장을 일으켰던 배아줄기세포 연구나 국내 환자 대상 임상시험 등에만 머물러 있었다. 한국 유전체학자들이 국경을 넘어 몽골 초원에서 어떤 활동을 하는지, 안산의 공단에서 일하는 이주노동자들에게서 무엇을 채취하는지는 주된 관심사가 아니었다. 연구 윤리의 적용 범위가 국가와 국민이라는 경계 안에 갇혀 있었고, 국경 밖에서 벌어지는 일은 윤리적 사각지대로 방치되었다.

이보다 더 결정적인 이유는 바로 과학자들이 민족주의적 수사를 매우 효과적으로 사용했다는 점이다. 2000년대 초반은 중국의 동북공정으로 인해 한국 사회 전반에 반중 정서와 민족주의적 분노가 들끓던 시기였다. 유전체학자들은 이 지점을 정확히 파고들어 자신들의 연구를 국가적 과업으로 포장했다. 예를 들어 '동북아 게놈 프로젝트' 연구가 "우리 한민족의 기원 및 이동에 관한 주요한 열쇠"가 될 것이며, 중국의 고구려사 왜곡에 대한 중요한 단서를 제공할 수 있다고 주장하는 식이었다.[10] 몽골 선주민의 DNA를 채취하는 행위를 단순한 상업적 데이터 수집이 아니라, 중국의 역사 왜곡에 맞서는 '과학적 독립운동'이자 '과학적 대응'으로 묘사한 것이다.

이러한 수사는 대중과 정부에게 즉각적이고 강력한 효과를 발휘했다. 프로젝트를 이끌던 서정선은 2007년 "한국의 중국 동북 프로젝트 대응 방식 무엇이 문제인가"라는 학술대회에 초청받아 "동북아민족 게놈 프로젝트와 한민족 북방기원"이라는 제목으로 발표하며, 유전학 데이터로 동북공정을

---

10   서정선, "[웰컴투사이언스]〈11〉인종, 민족 게놈 연구,"
      『한국일보』, 2004년 3월 15일.

논박할 수 있다는 기대감을 심어주었다.[11] 2000년대 후반에도 이러한 민족주의적 수사는 계속되었다. 그는 중국의 유전체 연구를 게놈 동북공정이라 비판하며 "아시안 게놈 전쟁"이라는 대결 구도를 만들었고, 2019년 인터뷰에서도 한국인이 "아시아의 주역"임을 과학적으로 밝히고 싶다고 말했다.[12] 유전체학이 민족의 자존심을 세우는 도구였기에 연구 과정의 윤리적 문제는 부차적이라고 여겨졌고, 뒤로 밀려났던 것이다.

하지만 지난 20년간 마크로젠과 한국 유전체학계가 언론을 통해 끊임없이 민족의 기원과 동북공정 대응을 이야기해왔음에도, 정작 이들 연구팀이 한국인의 유전적 기원이나 역사적 이동 경로를 규명하는 본격적인 유전적 역사 논문을 발표한 사례는 한두 건에 불과하다. 그들의 진짜 관심은 처음부터 한민족의 기원을 밝히는 것보다는 상업적으로 유망한 약물 개발이나 진단 검사 개발에 유용한 유전자를 발굴하는 데 놓여 있었기 때문이다. 민족의 기원은 연구비를 확보하고 대중의 지지를 얻기 위한 수사였을 뿐, 연구의 본질적인 목표는 아니었던 셈이다.

---

11   김경목 기자, "'중국 동북공정' 대응 방식 모색-학술회의 개최,"
      『뉴시스』, 2007년 4월 11일.
12   이정아 기자, "의료·IT 뒷받침된 천만 게놈 프로젝트, 한국의 미래
      이끌 것," 『동아사이언스』, 2019년 3월 27일.

결국 게놈 동북공정이라는 수사는 민족주의적 소란이 벌어지는 가운데 유전체 정의를 물어야 하는 윤리적 목소리를 집어삼켰다. 국익의 논리 앞에서 소수민족이나 이주민의 인권은 관심의 대상에서 밀려나버렸다. 이는 황우석 사태 당시에 불법적인 난자 채취라는 생명추출주의적 착취가 "국익을 위한 세계 최초의 연구"라는 민족주의적 수사로 옹호받던 현상과 상당히 닮았다.[13] 당시 맹목적인 지지자들이 여성의 몸과 생명윤리를 경시했던 그 논리가 이번에는 몽골 선주민의 몸과 유전체 정의를 경시하는 논리로 변주되어 나타난 것이다.

　　우리는 이제 몽골의 차탕족과 같은 국외 선주민 집단뿐만 아니라 국내에 거주 중인 이주민을 대상으로 한 유전체 정의 역시 그간 생명윤리 논의에서 철저히 배제되어왔음을 직시해야 한다. 한국의 생명윤리 논의는 유전체 연구의 피험자를 한국인으로 상정하고 있다. 비록 '생명윤리법'은 인간 대상 연구의 피험자 모집과 관련해, 자발적인 의사 결정을 하기 어려울 수 있는 집단에 "취약한 환경에 있는 시험대상자 vulnerable subjects"로 "소수 인종"을 포함하고 있지만, 이를 국내 이민자에게 어떻게 적용할지 고민하는 연구는 찾아보기 힘들다.[14] '아시아인 정밀의학'을 추구하는 한국 유전체학이

13　　정연보, 「배아줄기세포연구와 젠더: 난자제공과 여성의 노동 및 참여를 중심으로」, 『페미니즘연구』 제7권 1호, 2007, pp. 165~97.

진정한 다민족 과학이 되기 위한 첫걸음은 국익이라는 이름
으로 정당화해온 그간의 생명추출주의에서 벗어나는 것이
다. 연구 대상이 되는 사람들을 단순한 '자원'이 아니라 존중
받아야 할 '주체'로 인식하고, 국내 이주민 연구에서부터 유전
체 정의를 구현하려는 구체적인 노력을 시작해야 한다.

14   예외적인 사례로 생명윤리학자 배현아는 2011년에 국내
      임상시험심사위원회가 취약한 환경에 있는 시험대상자 중 '소수
      인종'에 해당하는 사례로 한국의 '다문화 가정'을 포함시켜야
      하며, 이들의 문해력을 고려해야 한다고 주장했다. 배현아,
      「임상시험에서 취약성(vulnerability) 판단 기준 재정립과
      임상시험심사위원회의 역할」, 『한국의료윤리학회지』, vol. 14,
      no. 1, 2011, pp. 55~77.

3장

포스트민족주의 과학의 굴레

2010년 6월, 국회도서관 소회의실에서 "대한민국은 단일민족국가인가?"라는 도발적인 질문의 정책 포럼이 열렸다. "순혈주의의 보이지 않는 장벽이 이민자들을 가로막"는 현실을 타개하기 위해 "뿌리 깊은 혈통적 편견"을 해소하자는 취지였다.[1] 이날 토론의 중심에 선 것은 정치인이나 역사학자가 아닌 유전학자였다. 단국대학교 생물학과 김욱 교수는 DNA 연구 결과를 제시하며 "현대 한국인 집단은 북방 아시아에서 정착한 뒤 중국 남부에서 여러 차례 이동해 온 복잡한 과정 가운데 형성"되었다고 밝혔다. 그는 현대 한국인 집단이 유전학적으로 볼 때 북방계와 남방계 유전자가 혼합된 복잡한 형성 과정을 거쳤으며, 따라서 과학적으로 볼 때 한국인은 단일민족이 아니라고 단언했다.

김욱 교수의 발언은 여기서 그치지 않았다. 그는 유전학적 다양성이야말로 집단의 건강성을 담보하는 지표라고 강조하며 동남아시아로부터 이주를 적극적으로 받아들여 한국인 집단을 "유전적 다양성이 높은 더 건강한 유전자 풀"로 만들어야 한다는 주장을 펼쳤다. 그의 발표는 단순히 실험실에서 도출된 과학적 데이터의 나열이 아니었다. 과학이 현실 정치와 사회 정책, 즉 이민자 수용 문제에 대해 직접적인 목소리를 내는 순간이었다. 오늘날 우리 사회에서 과학적 연구 결과

---

1   김형근 기자, "대한민국은 단일민족국가인가?," 『한국디지털뉴스』, 2010년 6월 21일.

는 그 어떤 분야의 결론보다도 가장 믿을 만하고 객관적인 사실로 받아들여진다. 민족의 기원에 대한 논의에서도 DNA 분석은 기존의 역사학이나 인류학에 내재하던 불확실성을 단번에 정리해줄 최종 판결문처럼 여겨졌다.[2]

이른바 유전적 역사genetic history라고 불리는 이 새로운 연구 분야는 1980년대 후반부터 전 세계적으로 부상하기 시작했다. 유전학자들은 DNA 기술을 사용해 인류 집단의 이동 경로와 기원을 추적하며, 자신들의 연구가 인종주의나 배타적 민족주의 같은 문화적 편견을 해소하는 데 기여할 수 있다고 믿었다. 한국의 유전학자들 역시 이러한 세계적 흐름 속에서, 유전 과학이 한국 사회의 낡은 단일민족 신화를 해체하고 열린 사회로 나아가는 데 일조할 것이라는 포스트민족주의postnationalism의 비전을 품고 있었다. 바야흐로 과학이 민족주의의 망령을 몰아내는 이성의 횃불로 등장한 것처럼 보였다.

그러나 과연 유전적 역사 연구가 도출한 과학적 사실을 순수한 학문적 진보의 결과물로만 보아야 할까? 우리는 과학을 실험실이라는 사회와 유리된 공간에서 만들어진 가치중립적인 지식으로 여기곤 하지만, 실제 과학의 역사는 그렇지

2   한국 아동·인구·환경의원연맹 주최 정책포럼, "대한민국은 단일민족국가인가?: 학술적으로 살펴본 단일민족 신화의 실체," 2010년 6월 23일.

않음을 보여준다. 2000년대 한국 사회에서 유전적 역사 연구가 급부상한 배경을 살펴보면, 그 이면에는 복잡하게 얽힌 사회정치적 맥락들이 자리 잡고 있다. 당시 한국 사회는 한편으로는 세계화와 다문화 사회로의 전환이라는 거스를 수 없는 파도 앞에 서 있었고, 다른 한편으로는 중국의 동북공정과 같은 주변국의 역사 왜곡에 맞서 민족의 정체성을 수호해야 한다는 민족주의적 압력을 받고 있었다.

이처럼 모순적인 두 가지 거대한 요구, 즉 다문화주의라는 내적 변화와 역사 분쟁이라는 외적 위기 사이에서 한국의 유전 과학은 위태로운 줄타기를 해야만 했다. 과학자들은 자신의 연구가 단일민족 신화를 깨뜨리는 진보적인 도구가 되기를 원했지만, 동시에 연구비를 지원하는 정부와 기관들은 그 과학이 우리 민족의 고유성과 정통성을 입증해주기를 기대했다. 이것이 바로 내가 이 장에서 이야기하고자 하는 포스트민족주의 과학의 굴레다. 겉으로는 민족주의를 넘어서는 듯 보였던 과학이, 실상은 어떻게 다시 민족주의의 논리 속으로 포섭되고 동원되었는지를 추적해보는 일은 2000년대 한국 사회의 민족 정체성이 형성되는 과정을 이해하는 데 중요한 열쇠가 될 것이다.

과학이 사회와 만나는 지점을 이해하기 위해서는 단순히 유전자 염기서열 데이터가 어떻게 나왔느냐 하는 기술적인 문제만 보아서는 안 된다. 그보다는 그 데이터를 연구자가 어떤 질문을 가지고 들여다보았는지, 그리고 그 결과가 사회 속에서 어떻게 해석되고 소비되었는지를 살펴보는 것이 훨씬 더 중요하다. 과학사학자들은 유전학자들 스스로가 가진 역사적, 문화적 관념이 연구의 설계부터 결과 해석에 이르기까지 깊숙이 개입한다는 사실을 밝혀왔다. 한국의 경우도 예외는 아니었다. 유전적 역사라는 과학 지식은 한국 사회의 다문화주의와 역사 분쟁 가운데 만들어지고, 서로 다른 정치적 관점에서 해석·활용되었다.

이를 살펴보는 과정에서 우리는 한국의 유전 과학이 결코 가치중립적인 심판자가 아님을 깨닫게 된다. 유전 과학은 당대의 정치적 올바름이나 국가적 과제와 끊임없이 협상하며 만들어지는 사회적 산물이다. 단일민족 신화를 과학적으로 검증하려 했던 연구들이 역설적으로 신화를 더욱 정교하게 재구성하는 도구로 전유되는 양상은 포스트민족주의 진영이 지닌 '과학주의'의 한계에 대해 많은 것을 시사해준다.

다문화 사회와 역사 분쟁 사이에서:
한국 민족 정체성의 정치

2000년대 한국인의 민족 정체성은 거대한 두 개의 흐름, 다문화주의와 역사 분쟁 사이에서 중요한 정치적 논의 대상으로

부상했다. 먼저 '다문화 사회'로 급격하게 전환하면서 종래의 단일민족이라는 민족 정체성 인식은 비판받아야 할 문제로 대두되었다. 1990년대 후반부터 2000년대 초반에 걸쳐 한국 사회는 유례없는 인구학적 변동을 겪었다. 1980년대 말부터 시작된 3D 업종의 인력난은 외국인 노동자의 유입을 불가피하게 만들었고, 1988년 서울올림픽을 기점으로 완화된 출입국 규제는 동남아시아인들의 입국을 가속화했다. 1992년 한중수교 이후에는 조선족 동포들의 취업 이주가 폭발적으로 늘어났는데, 정부는 산업연수생 제도와 고용허가제 등을 통해 이를 제도적으로 뒷받침했다. 1987년에는 6천여 명에 불과하던 외국인 체류자가 2005년에는 46만 명을 넘어설 정도로 한국 사회는 빠르게 다인종, 다문화 사회로 변모해가고 있었다.[3]

이러한 상황에서 2003년에 출범한 노무현 정부는 저출생·고령화 문제의 해법으로 이민 정책을 국가적 의제로 삼았다.[4] 2006년 4월, 노무현 대통령은 "다인종·다문화로의 진전

3   이혜경,「한국 이민정책의 수렴현상: 확대와 포섭의 방향으로」,
       『한국사회학』, vol. 42, no. 2, 2008, pp. 114~15; 이정환·이성용,
       「외국인 노동자의 이주 특성과 연구동향」,『한국인구학』, vol. 30,
       no. 2, 2007, p. 150.

4   Jack Jin Gary Lee and John D. Skrentny, "Korean Multiculturalism
       in Comparative Perspective," in John Lie(ed.), *Multiethnic
       Korea?: Multiculturalism, Migration, and Peoplehood Diversity in
       Contemporary South Korea*, Berkeley: Institute of East Asian Studies,

은 거스를 수 없는 대세"라고 선언하며 다문화 정책의 본격적인 추진을 알렸다. 이때 정부가 지목한 가장 큰 걸림돌이 바로 순혈주의와 단일민족 신화였다. 교과서에서 단일민족이라는 표현이 사라지고, 다문화 교육이 강조되기 시작한 것이 바로 이 무렵이다.

학계와 시민사회 또한 단일민족론 비판에 가세했다. 시민운동가와 인류학자, 여성학자 들은 정부의 다문화 정책조차도 이주민을 한국 문화에 일방적으로 동화시키려 한다는 점에서 여전히 민족주의적이라고 비판하며, 단일민족 신화 해체를 요구했다. 민족이라는 배타적 경계를 허물고 타자를 있는 그대로 포용해야 한다는 포스트민족주의 담론이 인문사회학계의 주류 흐름으로 자리 잡았다. 이제 단일민족이라는 신념은 낡고 비과학적이며, 인종차별을 조장하는 위험한 이데올로기로 규정되기 시작했다.

하지만 바로 같은 시기에 정반대 방향에서 단일민족 서사를 바탕으로 민족 정체성을 굳건히 할 정치적 논쟁이 발생했다. 바로 중국과의 역사 전쟁, 즉 동북공정 사태였다. 1990년대 말부터 중국은 '통일적 다민족국가론'을 내세우며 현재 중국 영토 안의 모든 역사를 중국사로 편입하는 작업을 시작했다. 2002년에는 이러한 맥락에서 중국 사회과학원의 주도

University of California, Berkeley, 2014, pp. 301~30.

로 동북공정 프로젝트가 본격화되었다. 핵심은 만주와 한반도 북부를 지배했던 고구려를 중국의 소수민족 지방 정권으로 규정한 것이었다. 이는 단순한 학술적 논쟁이 아니었다. 북한 정권 붕괴 시 중국이 북한 지역에 대한 연고권을 주장하기 위한 사전 포석이라는 우려마저 제기되면서 한국 사회는 민족주의적 분노와 위기감에 휩싸였다.

중국 학자들은 고구려가 퉁구스족이 세운 국가이며, 그 구성원은 오늘날 중국의 소수민족인 만주족 등의 조상이라고 주장했다. 이에 맞서 한국 측은 고구려인이 곧 한국인의 직계 조상이며, 고구려 역사는 한국사의 불가분한 일부임을 증명해야 했다. 분노한 여론에 떠밀린 한국 정부는 2004년에 교육부 산하에 고구려연구재단을 설립하고 체계적인 대응에 나섰다.[5] 이 재단과 정부가 중국의 역사 왜곡을 반박하기 위해 가장 절실하게 찾았던 무기는 문헌 기록보다 더 확실하고 객관적인 증거, 바로 과학이었다.

정부와 관련 기관들은 유전학이 고구려인과 현대 한국인의 혈연적 연속성을 증명해줄 구원투수가 되어주기를 기대했다. 국립문화재연구소는 2006년부터 "한민족 기원 규명 연구" 용역을 공모하며, "역사 왜곡 등 민족국가 관련 시비를 종식시킬 과학적 연구가 시급"하다고 그 목적을 분명히 했

5   이후 2006년에 동북아역사재단으로 확대·통합되었다.

다.[6] 즉, 정치권과 사회는 다문화 정책을 위해서는 단일민족을 부정할 과학을 요구했고, 역사 분쟁에 관해서는 단일민족을 긍정할 과학을 동시에 주문하고 있었던 것이다.

이것이 바로 2000년대 한국의 유전학자들이 직면한 딜레마였다. 그들은 한편으로는 세계적 추세와 다문화 사회의 요구에 맞춰 단일민족 신화를 깨뜨려야 했지만, 다른 한편으로는 주변국의 역사 왜곡으로부터 민족의 역사를 지켜야 한다는 민족주의적 소명에 응답해야 했다. 한국의 유전적 역사 연구는 이러한 모순적인 정치적 지형 위에서 위태롭게 성장했다.

이 시기 한국 사회에서 벌어진 민족 정체성 논쟁은 단순히 이념적인 것이 아니었다. 논쟁은 현실의 인구 문제, 경제적 필요, 그리고 영토 안보와 직결된 현실정치적 문제였다. 다문화주의자들은 한국 사회의 지속 가능성을 위해 순혈주의를 타파해야 한다고 외쳤고, 민족주의자들은 국가의 정통성을 지키기 위해 한민족의 단일성을 사수해야 한다고 맞섰다. 그리고 이 논쟁의 한복판에 유전학이라는 과학이 소환되고 있었다.

6   국립문화재연구소, 「2006년 보존과학 연구개발(R&D)사업 공고」, 2005년 12월.

단일민족 신화를 의심하는 유전학:
일본과 한국의 연구 흐름

DNA 염기서열 분석을 통해 인류의 기원을 추적하는 유전적 역사 연구는 1980년대 후반에야 비로소 본격화되었다. 특히 모계로만 유전되어 추적이 용이한 미토콘드리아 DNA(mtDNA) 분석 기술이 등장하면서, 인류가 10만 년 전 아프리카에서 기원했다는 아프리카 이브 가설이 등장하는 등 인류 진화사 연구에 혁명이 일어났다. 이러한 서구의 최신 연구 흐름을 아시아에서 가장 발 빠르게 받아들인 것은 일본의 학자들이었다. 그리고 한국의 유전적 역사 연구는 바로 이 일본 학계의 영향을 받아 태동했다.[7]

일본에서는 이미 1980년대 중후반부터 단일민족 신화를 과학적으로 검증하려는 시도가 활발했다. 당시 일본 학계는 일본인이 구석기 시대 이래 외부와의 혼혈 없이 환경에 적응하며 독자적으로 진화해왔다는 하세베 코톤도長谷部言人와 스즈키 히사시鈴木尚의 '소진화 모델'을 정설로 받아들이며 단일민족론을 주류 학설로 받아들이고 있었다. 이에 대한 반박으로 인류학자 하니하라 가주로埴原和郎는 인골과 치아 등 다

---

7   Marianne Sommer, *History Within: The Science, Culture, and Politics of Bones, Organisms, and Molecules*, Chicago: University of Chicago Press, 2016, pp. 510~11.

양한 체질인류학적 자료를 분석해 '일본인 이중구조 모델'을 제안했다. 이는 현대 일본인이 동남아시아에서 온 토착 조몬계 집단과, 훗날 한반도 등 동북아시아에서 건너온 도래인 야요이계 집단의 혼혈로 형성되었다는 주장이다. 즉, 일본인은 본래부터 하나의 민족이 아니라 서로 다른 두 집단이 섞여 만들어진 '혼합 민족'이라는 것이다.

이 가설을 유전학적으로 입증한 인물이 국립유전학연구소의 호라이 사토시宝來聰였다. 그는 mtDNA 분석을 통해 일본인 집단 내에 유전적으로 뚜렷이 구별되는 두 개의 그룹이 존재한다는 사실을 밝혀냈다. 그는 이 두 그룹의 존재가 현대 일본인은 약 12,000년 전 동남아시아에서 건너온 조몬계 집단과, 약 2,300년 전 한반도에서 이주한 야요이계 집단이라는 두 유전자 풀이 혼합된 결과를 보여준다고 해석했다.[8] 호라이의 DNA 연구는 전후 일본 사회를 지배해온 단일민족 이데올로기를 과학적으로 비판하는 주요한 증거로 자리 잡았다. 흥미로운 점은 1991년에 호라이가 서울대학교에서 열린 한국유전학회에 초청받아 이 연구 결과를 발표했다는 사실이다. 그는 강연에서 자신의 이중구조 모델을 완성하기 위해서는 야요이계 도래인의 고향인 한반도에 거주 중인 한국인의 유전 데이터가 반드시 필요하다고 역설하며 한국 학계의 협력

---

8   宝來聰, 『DNA人類進化學』, 東京: 岩波書店, 1997.

을 요청했다.

당시까지만 해도 한국 유전학계의 원로들은 단일민족론을 의심의 여지가 없는 상수로 두고 연구를 진행했다. 1세대 유전학자 강영선의 제자인 충남대학교 생물학과 김영진이나 서울대학교 동물학과(1991년 분자생물학과로 개명) 이정주와 같은 중견 유전학자들은 1980년대 내내 한민족이 4천 년의 역사를 지닌 단일민족이라는 전제하에 다른 민족과 구별되는 한국인만의 독특한 유전적 특징을 찾는 데 주력했다. 그들에게 단일민족은 증명해야 할 가설이 아니라 연구의 출발점이자 믿음이었다. 같은 시기에 한국의 체질인류학자들은 한국인이 지리적, 문화적 고립으로 인해 외부와 섞이지 않은 순수한 유전자 풀을 유지해왔다고 주장하기도 했다.

하지만 1990년대에 등장한 신진 유전학자들의 생각은 달랐다. 그들은 호라이와 같은 해외 학자들과 교류하며 최신 DNA 분석 기술을 습득했고, 무엇보다 변화하는 한국 사회의 현실을 민감하게 받아들였다. 당시 서울대학교 분자생물학과 박사과정생이었던 홍성수는 호라이의 연구실에서 기술을 배운 뒤, 1993년 논문에서 한국은 역사적으로 수많은 외세의 침략을 받아왔다는 관점에서 단일민족론에 의문을 제기했다. 김영진의 제자였던 박화용도 Y 염색체 연구를 통해 한국전쟁 당시 유엔군의 참전 등을 언급하며 외부 유전자의 유입 가능성을 진지하게 고려해야 한다고 주장했다.[9]

이들 젊은 학자들에게 1990년대 한국 거리에 늘어나기 시작한 외국인 노동자들의 모습은 단순한 사회 현상이 아니었다. 그것은 과거 역사 속에서도 한반도에 이질적인 집단이 들어와 섞이는 일이 반복되지 않았을까 하는 과학적 상상력을 자극하는 촉매제였다. 그들은 스승 세대가 믿었던 단일민족론을 실험적으로 검증해봐야 할 가설로 격하시켰다. 박화용 박사는 "당시 다들 입으로는 단일민족이라고 말했지만, 사실은 섞여 있다는 것을 내심 알았을 것"이라고 회고하기도 했다.[10]

실제로 1998년에 홍성수와 호라이의 공동 연구팀은 의미심장한 결과를 내놓았다. 한국인의 mtDNA를 분석한 결과, 동남아시아 집단에서 유래한 것으로 추정되는 특정 유전 표지자(9-bp 결손)가 약 13퍼센트의 빈도로 발견된 것이다. 이는 한국인의 조상 중에 북방계뿐만 아니라 남방계 집단도 섞여 있을 가능성을 시사하는 최초의 유전학적 증거 중 하나였다. 단일한 북방계 민족 집단의 후예라는 통념에 금이 가기 시작한 것이다.[11]

9   홍성수, 「미토콘드리아와 핵 DNA의 유전적 마커에 의한 한국인 집단의 특성」, 서울대학교 박사학위 논문, 1993, p. 34.
10   박화용, 저자와의 인터뷰, 2017년 7월 1일, 대전.
11   Sung-Soo Hong, Satoshi Horai, and Chung-Choo Lee, "Distribution of the 9-bp Deletion in CoII/tRNA[Lys] Intergenic Region of Mitochondrial DNA is Relatively Homogeneous in East Asian Populations," *Korean*

이처럼 1990년대 한국의 유전적 역사 연구는 일본 학계의 영향과 국내의 사회적 변화가 맞물리는 가운데 세대 교체를 겪고 있었다. 단일민족론을 신봉하던 구세대와 달리 신진 유전학자들은 과학을 통해 해당 주장을 객관적으로 검증하려 했다. 이 흐름은 2000년대에 들어서며 더욱 체계적인 이론으로 발전하게 되는데, 그 중심에 섰던 인물이 바로 단국대학교의 김욱 교수였다. 그는 홍성수 등이 제기한 단편적인 의문들을 종합하여 한국인 이중 기원설이라는 가설을 확립했다.

포스트민족주의 과학으로서 유전적 역사의 출현

김욱 교수는 본래 초파리 유전학을 전공한 학자였으나, 1992년 미국 애리조나 대학교에서 박사후과정 연수를 하던 중 인생의 전환점을 맞이했다. 그곳에서 일본인 기원 연구의 권위자인 마이클 해머Michael Hammer 교수와 교류하게 된 것이다. 해머는 당시 호라이와 함께 Y 염색체상의 특정 유전 표지자(YAP+)를 통해 인류의 이동 경로를 추적하고 있었다. 일본인의 기원을 밝히기 위해 일본으로 건너간 도래인, 즉 한국인의

Journal of Biological Sciences 2, 1998, pp. 259~67; 신동호 기자, "[과학] 한국인 유전자 15%는 남방계," 『동아일보』, 2001년 5월 16일.

유전 데이터가 절실히 필요했던 해머는 김욱에게 한국인 샘플 수집과 분석을 제안했다.

이 우연한 만남은 김욱을 유전적 역사 연구의 길로 이끌었다. 그는 해머와 호라이의 연구를 도우며 자연스럽게 일본의 이중구조 모델을 접했고, 이를 한국인에게도 적용해볼 수 있겠다는 영감을 얻었다. 귀국 후 그는 선배 교수인 김영진의 연구팀에 합류해 단일민족론을 검증하는 프로젝트에 착수했다. 1996년에 그들은 한국인의 성씨별 Y 염색체 DNA 패턴을 분석하여 여섯 개의 서로 다른 유전자 그룹을 확인했고, 이처럼 유전자 그룹이 단일하지 않고 여럿으로 나뉜다는 점을 근거로 "한국인이 단일민족이 아니거나 단군이라는 단일 조상의 후손이 아닐 수 있다"는, 당시로서는 파격적인 잠정 결론을 내렸다. 이는 단군 신화를 과학의 영역으로 끌어들여 부정했다는 점에서 큰 의미가 있었다.[12]

김욱의 연구가 본격적으로 빛을 발한 것은 2000년대 들어서였다. 그는 국립과학수사연구원의 지원을 받아 연구를 확장했는데, 이때 매우 독창적인 방법을 사용했다. 바로 국내 체류 중인 이주노동자들의 혈액 샘플을 직접 채취하여 비교 분석에 활용한 것이다. 당시 한국 사회에 급증하던 이주민들

[12]   Yung Jin Kim, Sang Gi Paik, Gwang Sook Ahn, and Wook Kim, "49a/TaqI Haplotypes According to the Surname Groups in Korean Population," *The Korean Journal of Genetics* 21, 1999, pp. 181~92.

은 그에게 걸어 다니는 연구 샘플이자, 한국인의 기원을 풀어
줄 열쇠였다. 당시 연구에 협력한 이주민들에는 중국인 5명,
일본인 7명, 인도네시아인 40명, 필리핀인 3명, 태국인 11명
이 포함되었다. 1년 뒤에는 북방계 중국인과 몽골 출신 이주
노동자들의 샘플을 추가로 채취하기도 했다. 김욱 연구팀은
이주노동자들의 Y-DNA와 한국인의 것을 비교한 결과, 한국
인 집단 내에서 남방계와 북방계의 특징이 공존하는 뚜렷한
이중 패턴이 발견되었다고 보고했다.

　　이 모든 연구 성과를 집대성하여 2003년, 김욱 연구팀은
"Y 염색체 DNA 하플로그룹과 한국인의 이중 기원"이라는 기
념비적인 논문을 발표했다.[13] 이 논문에서 그는 한국인의 형
성이 "선사시대에 북아시아에서 내려온 집단이 정착한 뒤, 나
중에 중국 남부에서 북부로 이동해 온 농경 집단이 추가로 유
입되어 섞이는 복잡한 과정"이었다고 결론지었다. 즉, 한국
인은 단일한 핏줄이 아니라 '북방계'와 '남방계'라는 이질적인
두 집단의 혼합물이라는 선언이었다. 이 이중 기원설은 기존
의 단일민족 신화를 정면으로 반박하는 과학적 성과였다. 홍
성수의 연구가 mtDNA(모계)에 국한되었다면, 김욱은 Y 염

13　　Han-Jun Jin, Kyoung-Don Kwak, Michael F. Hammer, Yutaka
　　　Nakahori, Toshikatsu Shinka, Ju-Won Lee, Feng Jin, Xuming
　　　Jia, Chris Tyler-Smith, and Wook Kim, "Y-chromosomal DNA
　　　Haplogroups and Their Implications for the Dual Origins of the
　　　Koreans," *Human Genetics*, vol. 114, 2003, p. 34.

색체(부계)를 바탕으로 결론을 제시했다는 점에서 더 큰 의미를 가졌다.

특히 김욱 팀의 연구는 2009년 논문에서 더욱 구체화되었다. 연구팀은 모계(mtDNA) 쪽에서는 남방계의 기여도가 35퍼센트인 반면, 부계(Y 염색체) 쪽에서는 남방계의 기여도가 무려 83퍼센트에 달한다는 흥미로운 결과를 제시했다. 이는 과거 벼농사 기술을 가진 남방계 남성 집단이 한반도로 대거 이주해 와서 토착 여성들과 결합했음을 시사하는 '성 편향적 혼합'의 증거로 해석되었다.[14] 이러한 설명은 한국인이 북방 기마민족의 단일한 직계 후손이라는 한국 사회에 널리 퍼진 담론이 민족주의적 상상에 불과하다는 것을 시사했다. 유전학적 관점에서 볼 때 한국인은 이미 수천 년 전부터 '다문화'의 결과물이었던 것이다. 이처럼 부계와 모계를 모두 아우르는 종합적인 모델을 제시하면서, 2010년 국회 포럼에서 김욱은 한국인은 단일민족이 아니라고 자신 있게 말할 수 있었다.

김욱 연구팀의 연구 성과는 과학이 구시대의 이념을 타파하고 진실을 밝혀내는 도구가 될 수 있음을 보여주는 듯했다. 하지만 이 과학적 활동은 다소 불편한 진실을 포함하고 있

14   Han-Jun Jin, Chris Tyler-Smith, and Wook Kim, "The Peopling of Korea Revealed by Analyses of Mitochondrial DNA and Y-Chromosomal Markers," *PloS One*, vol. 4, no. 1, 2009, e4210.

었다. 김욱의 연구가 가능했던 것은 당시 한국 사회에 늘어난 이주노동자들을 손쉽게 연구 대상으로 삼을 수 있었기 때문 이었다. 또 유전적 역사 연구에서 이주노동자들은 한국인의 조상인 남방계를 설명하기 위한 대리물로서 과학적 가치를 인정받았을 뿐, 이에 관한 별다른 보상을 받지는 못했다.

더욱 심각한 문제는 이 과정에서 발생한 인종화 현상이 다. 과학자들은 다양성을 포용한다는 명분 아래 이주노동자 들의 혈액을 채취했지만, 그 분석 과정에서 북방계와 남방계 라는 범주를 유전학적으로 더욱 공고히 했다. 이는 캐나다의 분자적 다문화주의의 사례와 마찬가지로, 첨단 유전체학이 인종이라는 사회적 분류를 생물학적 실재로 되살려내는 결 과를 낳았다. 이주노동자들은 한국인의 기원을 밝히기 위한 도구로 활용되면서, 역설적으로 순수 한국인과 구별되는 남 방계라는 생물학적 꼬리표를 달게 되었다.

이것이 바로 포스트민족주의를 표방한 과학이 빠지기 쉬운 첫번째 함정이었다. 이 함정은 단순히 연구 방법론의 문 제가 아니다. 그것은 인종이나 민족이라는 용어를 연구의 편 의를 위해 무비판적으로 사용하는 과학계의 관행에서 비롯 된 것이다. 과학자들은 북방계, 남방계라는 용어가 단지 유전 적 변이를 설명하는 통계적 집단일 뿐이라고 항변할지 모르 지만, 사회적 맥락 속에서 이 용어들은 실재하는 인종적 차이 로 받아들여진다. 결국 과학적 선의에서 시작된 연구가 차별의 근거를 제공하는 인종 과학으로 미끄러질 수 있는 비탈길 위에 서 있었던 셈이다. 이처럼 포스트민족주의 과학으로 야심 차게 출발한 유전적 역사는 앞서 언급한 민족 정체성 논쟁에 연루되면서 한국인과 비한국인을 유전자 수준에서 민족의 이름으로 구별 짓는 '구별의 과학'으로 발전할 것이었다.

포스트민족주의 과학을 단일민족주의와 양립시키기

이중 기원설은 분명 단일민족 신화를 해체할 수 있는 강력한 과학적 무기였다. 하지만 현실은 그리 단순하지 않았다. 김욱 연구팀의 주요 후원자 중 하나가 바로 중국의 동북공정에 대항하기 위해 설립된 고구려연구재단이었다는 사실은 이 연구가 처한 모순적 상황을 상징적으로 보여준다. 2004년 설립된 이 재단의 목표는 중국의 역사 왜곡에 맞서 고구려가 한국의 역사임을 증명하는 것이었다. 재단은 김욱에게 연구비를 지원하며, 한국인과 고구려의 후예로 추정되는 중국 동북 3성 지역 거주 선주 집단 사이의 유전적 연관성을 밝혀 중국의 주장을 반박해주기를 원했다. 즉, 한국인이 혼합 민족임을 밝혀낸 과학자가, 한국인의 민족적 정통성을 입증해야 하는 역설적인 과제를 떠안게 된 것이다.

이 딜레마에 직면해 유전학자들은 두 가지 상반된 요구를 모두 만족시키기 위한 절묘한 논리를 고안해냈다. 김욱은 나와의 인터뷰에서 "역사적으로 기원이 다양하다는 것과 오늘날 민족적으로 동질적이라는 것은 양립 가능하다"고 설명했다.[15] 쉽게 말해, 조상은 여러 갈래일지라도 오랜 시간 섞여 살았다면 결과적으로는 하나의 단일한 민족이 될 수 있다는 논리였다. 이 논리에 따르면 한국인의 기원은 북방계와 남방계로 나뉘어 있어 단일 기원은 아니지만, 수천 년 동안 한반도에서 섞이며 단일민족이 되었다는 삼단 논법이 완성된다.

2005년 김욱 연구팀이 고구려연구재단에 제출한 최종 보고서는 이러한 절충주의적 결론을 담고 있었다. 보고서는 "한국인은 초기 북방계와 후기 남방계의 이중 기원을 갖지만, 오랜 혼혈 과정을 통해 주변 민족과 구별되는 고유한 유전적 특성을 형성했다"고 서술했다. 이는 재단의 기대를 충족시키면서도 이중 기원이라는 과학적 결론을 부정하지 않는 해석이었다.[16] 유사한 방식으로 2010년에 김욱 연구팀은 서울-경기, 강원, 전라, 충청, 경상, 제주를 포함한 여섯 지역의 Y 염색체 DNA 변이의 분포를 분석해 한국인 집단의 부계 유전적 구조를 법의학적 맥락에서 검토했다. 그에 따르면 제주 지역을

15   김욱, 저자와의 인터뷰, 2018년 8월 13일, 천안.
16   김욱, 「미토콘드리아 DNA 변이와 한국인 집단의 기원에 관한 연구」, 고구려연구재단, 2005.

제외한 나머지 지역 집단 사이에서 통계적으로 유의미한 유전적 차이가 없으므로 유전적 동질성이 높고, 이는 한국이 비교적 작은 영토 내에서 5천 년가량의 공유된 민족사를 겪으며 형성된 결과라고 해석했다.[17] 이처럼 과학자들은 DNA 데이터를 해석할 때 언어와 문화 같은 인문사회적 요인을 끌어들여 민족을 새롭게 정의함으로써 딜레마를 탈출했다. 더 나아가 이들은 데이터 해석 과정에서 흔히 단기라고 불리는 고조선의 건국 연대(기원전 2333년)나 바이칼 기원설 같은, 주류 역사학계에서는 논란이 많은 민족주의적 견해들을 비판 없이 인용하기도 했다.

이러한 해석적 유연성은 2000년대 한국의 유전적 역사 연구가 가진 가장 큰 특징이자 생존 전략이었다. 이중 기원설은 단일민족 신화를 비판하고 싶은 사람들에게는 "우리는 섞였기에 애초부터 다문화 민족"이었다고 주장하는 증거가, 단일민족을 옹호하고 싶은 사람들에게는 "우리는 섞여서 하나가 되었기에 단일민족"임을 보이는 증거가 되었다. 의도했든 아니든 간에, 한국의 유전 과학은 모든 정치적 진영에게 원하는 답을 제공할 준비가 되어 있는 만능열쇠가 되었다. 과학자들은 "우리는 인류 이동이라는 거시적 관점만 볼 뿐"이라며

17   Soon Hee Kim, Myun Soo Han, Wook Kim, and Won Kim, "Y Chromosome Homogeneity in the Korean Population," *International Journal of Legal Medicine* 124, 2010, pp. 653~57.

역사적 논쟁에서 발을 빼려 했지만, 그들의 연구는 이미 정치적 소용돌이의 한복판에 있었다.

2000년대의 사회정치적 맥락 가운데 유전적 역사는 구별의 과학으로 발전해갔다. 국가는 한편으로는 다문화 사회를 관리하기 위한 방안 마련이 필요했고, 다른 한편으로는 역사 분쟁에서 승리하기 위해 민족의 고유성을 증명해야 했다. 과학은 이 두 가지 상충하는 국가적 과제를 동시에 해결해줄 도구로 호출되었다. 김욱의 연구는 혼합을 이야기함으로써 다문화 정책의 논거를 제공하는 듯했지만, 동시에 유전적 동질성을 강조함으로써 국가주의적 역사관을 뒷받침했다. 결국 이중 기원설은 진정한 의미의 포용의 과학으로 나아가지 못하고, 국가의 필요에 따라 한국인의 경계를 다시 긋는 구별의 과학으로 기능하게 된 것이다.

나아가 여기서 우리는 포스트민족주의 과학의 한계를 목격한다. 유전학자들은 'race'라는 단어 대신 '하플로그룹 haplogroup'과 같은 중립적인 용어를 사용했지만, 그 용어들이 작동하는 방식은 여전히 유형론적으로 집단을 나누는 인종 과학의 논리를 따르고 있었다. 특히 고구려연구재단의 지원을 받아 수행된 연구는 과학이 순수 한국인의 유전적 정체성을 확립하는 데 복무했음을 보여준다. 이는 민족을 생물학적 실체로 파악하려는 일제 강점기 인간 생물학 연구 관행이 해방 이후와 1960~70년대를 거쳐 21세기에도 여전히 이어지고 있음을 드러낸다. 과학자들의 의도와는 별개로, 그들의 연구는 한국 사회에서 민족을 생물학적 범주로 고착시키는 데 기여한 것이다. 즉, 유전적 역사는 단일민족 신화를 비판하는 듯 보였지만, 오히려 민족이라는 개념 자체를 생물학화하는 결과를 낳았다.

그 결과 유전 과학은 민족주의를 넘어서기는커녕 민족주의를 과학적인 언어로 재무장시킬 기회를 제공하고 말았다. 이와 같은 '과학화된 민족주의'는 유전적 지식에서 학술적이고 미묘한 측면들이 모두 제거된 채 대중들에게 전달된 결과, 사회 각 집단의 입맛에 맞게 아전인수 격으로 활용되기 시작했다.

모두의 무기가 된 유전자

2000년대 중반 이후 이중 기원설은 한국 사회의 다양한 정치 세력들에게 받아들여졌다. 서로 정반대의 주장을 하는 사람들이 같은 내용을 인용하며 과학은 자기 편이라고 외치는 진풍경이 벌어졌다. 먼저 이 연구를 가장 일찍부터 반긴 것은 다문화 정책 지지자들이었다. 그들은 단일 기원이 부정되었다는 점에만 주목했다. 2006년 방영된 SBS 스페셜 〈단일민족의 나라, 당신들의 대한민국〉은 김욱의 연구를 인용해 "한국인에게는 북방계 60퍼센트와 남방계 40퍼센트의 유전자가 섞여 있다"며, 외국인이나 귀화인을 '순수 한국인'으로 받아들이지 않는 배타적 민족의식의 기반인 단일민족론은 과학적 근거가 부족하다고 비판했다. 이어서 애초부터 한국인은 유전적 다양성을 지니고 있는 만큼, 단일민족 신화를 깨고 다문화 사회로 전환하는 가운데 이주민을 포용하는 자세를 견지하자고 주장했다.[18] 이주노동자 운동가들이나 진화생물학자 최재천 교수 역시 "유전학적으로 혼혈임이 밝혀졌으니 적극적으로 이민을 받아들이자"고 주장했다. 이들에게 유전적 역사는 관용과 포용의 사회로 나아가기 위한 가장 확실한 논거였다.[19]

두번째 수용층은 정반대 편에 서 있던 민족주의적 재야 사학자들이었다. 이들은 '이중 기원'이라는 결론이 도출된 '과정'에 주목했다. 김욱 연구팀은 유전학적 데이터를 역사적 서사와 결부시키기 위해 단군 신화를 역사적 사실로 간주하고 고조선이 기원전 2333년에 만주에서 건국되었다고 주장하여 역사학계의 비판을 받던 고조선사 연구자들의 연구를 별

---

18   SBS 스페셜 61회 〈단일민족의 나라, 당신들의 대한민국〉, 2006년
      11월 6일; SBS 스페셜 제작팀, 『다른 게 나쁜 건 아니잖아요:
      아름다운 공존을 위한 다문화 이야기』, 꿈결, 2012.

19   최재천, 『당신의 인생을 이모작하라: 생물학자가 진단하는 2020년
      초고령 사회』, 삼성경제연구소, 2005, pp. 122~30.

다른 비판 없이 인용했다.[20] 나아가 북방계 선조 집단이 시베리아 동남부의 바이칼호 인근에서 거주했을 것이라는 고고학계의 옛 가설 또한 별다른 근거 없이 그대로 수용했는데, 이를 두고 재야사학자들은 유전학적 연구가 단군조선과 한민족 바이칼 기원설을 과학적으로 입증했다고 환영했다. 이런 맥락에서 서울대학교 의과대학 이홍규 교수는 이중 기원설을 재해석해 바이칼호 부근에 있던 원-몽골리안들(북방계)이 남하하여 남방계 사람들과 섞이면서 요하 문명과 고조선을 세운 현대 한국인의 선조가 되었다고 주장했다. 그는 심지어 "이미 두 계열의 사람들이 완전히 혼혈을 일으켜 이제 우리나라 사람들은 하나의 새로운 민족으로 거듭난 것으로 보고" 있다며, 이중 기원설을 단일민족론을 추인하는 근거로 사용했다.[21]

20　단군조선론 및 바이칼 기원론에 대한 역사학계의 비판에 대해서는
　　다음을 참고. 송호정, 「최근 한국상고사 논쟁의 본질과 그 대응」,
　　『역사와 현실』 100호, 2016, pp. 17~51; 이평래, 「근현대 한국
　　지식인들의 바이칼 인식: 한민족의 기원문제와 관련하여」,
　　『민속학연구』 39호, 2016, pp. 75~97.

21　이홍규, 『한국인의 기원: 유전학·고고학·언어학·신화학으로 풀어
　　본 우리의 과거』, 우리역사연구재단, 2010, pp. 257~58. 남방계보다
　　북방계 혈통을 더 강조하는 이러한 해석은 남방계 남성 집단을
　　오늘날 한국인의 주요 조상 집단으로 간주한 김욱 연구팀의 가설과
　　다소 상충되었다. 김욱은 한국인의 유전적 역사를 대중화한
　　이홍규의 역할을 인정하면서도 그의 해석을 받아들이지 않았다.
　　김욱, 저자와의 인터뷰, 2018년 8월 13일, 천안.

이런 논리는 아마추어 재야사학자들이 민족주의적 상상의 나래를 펼치는 데 기여했다. 예를 들어 『김석동의 한민족 DNA를 찾아서』라는 책은 "70퍼센트가 북방계열, 30퍼센트가 남방계열"이라는 유전학적 근거를 내세워 "한민족이 중앙아시아 초원에서 바이칼 남부-몽골고원과 만주-발해만-한반도로 이루어지는 루트를 통해 내려와 이 땅에 정착"해 고조선을 건국했고, "5대 북방 기마민족의 기원"이 되었다고 설명한다.[22]

세번째 수용층은 정부의 다문화 정책을 격렬히 반대하던 반反다문화주의자들이었다. 이들은 김욱 연구팀이 고안한 '모순적 논리' 그 자체를 가장 정확하게 활용했다. 이들의 논리는 재야사학자들보다 더 교묘했다. 2010년대 초 '반다문화정책연대'의 이원호나 『다문화를 중단하라』의 저자 김규철 등은 고대에 '이중 기원'으로 형성된 혼혈 민족이라는 데 동의했다. 그러나 그 두 집단이 수천 년간 한반도 내에서 섞이고 섞여, 현재에는 유전적으로나 문화적으로나 동질적인 단일민족이 되었다고 주장했다. 이런 주장을 바탕으로 이들은 다문화 정책으로 새로운 이주민들을 받아들이는 것은, 수천 년에 걸쳐 이룩한 단일민족의 동질성을 파괴하는 "민족 말살 행

22   김석동, 『김석동의 한민족 DNA를 찾아서』, 김영사, 2018;
      홍병기 기자, 「고대사 연구가로 변신한 김석동 전 금융위원장」,
      『월간중앙』, 2018년 12월 19일.

위"라고 비난했다.[23] 다문화주의에 적대적인 정치학자 김영명도 같은 논리로 이중 기원 가설을 한국인의 단일민족론과 일치시켰다. 그는 한국인의 기원이 다양함에도 불구하고 오랜 역사 가운데 충분히 혼혈되었기 때문에 한국인을 동질적인 집단으로 볼 수 있다고 말했다.[24] 이들에게 과거의 혼혈은 '우리'를 하나로 만들었지만, 현재의 혼혈은 '우리'를 파괴하는 행위였다. 이들에게 이중 기원설은 오히려 현재의 민족적 단일성을 수호해야 할 근거였다.

이처럼 놀라울 만한 해석적 유연성 덕분에 포스트민족주의 과학은 결국 모든 진영의 손에 쥐어진 무기가 되었다. 다문화주의자에게는 혼혈의 증거로, 단일민족주의자에게는 고대사의 증거로, 반다문화주의자에게는 현재의 순수성을 지키기 위한 논리로 활용된 것이다.

결국 다민족 과학은 포용이라는 정치적 올바름을 표방하며 출발했지만, 민족주의뿐만 아니라 반다문화주의를 '과

---

23   현재 '반다문화정책연대' 네이버 카페는 폐쇄되었으나 제18대
      대통령직인수위원회 홈페이지에 올라온 동일한 제목의
      제안서에서 내용을 확인할 수 있다. 이원호, "다문화, 인류공존의
      길인가 민족말살의 덫인가," 제18대 대통령직인수위원회, 2013년
      2월 8일 게시, http://18insu.pa.go.kr/mobile/propose/view.
      php?seq=23870&seq_num=1916; 김규철, 『다문화를 중단하라!』,
      한강, 2012, pp. 123~25.
24   김영명, 「한국의 다문화 담론에 대한 비판적 고찰」,
      『한국정치외교사논총』, vol. 35, no. 1, 2013, p. 151.

학화'하는 데 동원되는 귀결에 이르고 말았다. 유전학자들은 자신들의 연구가 이렇게 다양하게 전유될 것을 예상했을까? 아마도 그들은 순수한 학문적 호기심과 국가적 요청 사이에서의 줄타기로 바빠, 발아래 놓인 미끄러운 비탈길을 미처 보지 못했을지도 모른다. 유전학자들은 자신의 연구가 사회적으로 어떻게 소비될지에 대해 깊이 고민하지 않았고, 그 빈틈을 혐오와 차별의 언어가 파고들었다.

포스트민족주의 과학을
민족주의에서 구해내려면

지금까지 우리는 유전적 역사라는 과학이 2000년대 한국 사회의 민족 정체성 논쟁 속에서 어떻게 탄생하고 소비되었는지를 살펴보았다. 유전학자들은 단일민족 신화를 해체하겠다는 야심 찬 포부로 시작했지만, 결국 그들 역시 민족주의라는 거대한 정치적 굴레에서 자유롭지 못했다. 과학자들은 고구려연구재단과 같은 연구비를 지원하는 기관의 의도를 거스르기 힘들었고, 고대사에 대한 본격적인 사료 비판이나 고고학 및 역사 전공자들과의 협력 없이 대중적인 고대사 인식에 기대어 자신의 데이터를 설명했다. 그 결과 탄생한 이중 기원설은 모호성과 유연성을 특징으로 하게 되었고, 이는 한국 사회의 여러 집단이 아전인수 격으로 유전학의 이름을 빌릴 수 있게 만들었다. 이것이 바로 포스트민족주의 과학이 빠진 함정이었다. 민족주의를 비판하고 넘어서려 했던 과학이 오히려 민족주의를 강화하고, 나아가 차별과 혐오를 정당화하는 데 활용된 것이다.

가장 큰 문제는 유전적 역사가 민족을 생물학적 실체로, 순수 한국인과 비한국인을 유전학적으로 구별 가능한 것으로 인식하게 만들었다는 점이다. 2000년대 한국의 유전 과학은 다문화 사회와 역사 분쟁이라는 국가적 과제 사이에서 호출되었고, 이 과정에서 민족은 더 이상 문화적, 정치적 공동체가 아니라 분자 수준에서 구별될 수 있는 생물학적 집단으로 재정의되었다. 이중 기원설은 한국인이 혼혈임을 밝혀냈지만, 역설적이게도 그 혼혈의 비율을 계산하기 위해 북방계와 남방계라는 유전적 경계를 확정 짓고, 이를 통해 한국인 됨을 생물학적으로 규명하려 했다. 과학자들은 다양성을 이야기했지만, 결과적으로 그 다양성 연구는 비한국인과 구별되는 '한국인 유전자 풀'을 상정하고 관리하는 데로 나아갔다.

이러한 논리 구조 속에서 이주민은 유전 과학 연구에 도구적으로 '포용'되었다. 유전학자들은 이주민을 동시대의 이웃이나 건강권을 가진 주체로 대우하지 않았다. 대신 그들은 한국인의 조상 중 하나인 남방계를 설명하기 위한 살아 있는 화석이자 편리한 대리물로서만 참여했다. 연구자들은 한국인의 기원을 입증하기 위해 이주민의 구강 상피세포와 혈액을 뽑아내고 데이터를 추출했지만, 그 과정에서 이주민의 구체적인 삶과 목소리는 소거되었다. 즉, 과학은 이주민을 배제하지는 않았으나, 그들을 오로지 한민족의 경계를 선명하게 드러내기 위한 비교 대조군, 즉 타자화된 도구로만 활용한 것이다.

이 장은 유전 과학이 민족 정체성을 둘러싼 사회적, 정치적 논쟁의 외부에서 객관적인 정답을 제공하는 심판자가 아님을 분명하게 보여준다. 유전적 역사라는 과학 자체가 한국 사회의 민족 정체성의 정치라는 토양 위에서 다문화주의와 역사 분쟁과 같은 정치적 요구에 응답하며 만들어진 사회적 구성물이었다. 이렇게 사회적으로 구성된 유전적 역사를 어떻게 바라봐야 할까? 정치적 논쟁에 '오염'되었다고 비난하거나 유전학과 같은 연성 과학은 역시 믿을 게 못 된다고 냉소해야 할까? 그렇지 않다. 문제의 근원은 과학이 사회적 맥락 속에서 어떻게 만들어지는지를 투명하게 드러내고, 그 과정에 개입하는 단군 기원과 같은 문제적 전제들을 공론장으로 끌어내어 비판적으로 토론하는 과정이 없었던 데 있다.

이런 맥락에서 유전적 역사를 단일민족주의의 굴레로부터 구출해낼 출발점은 과학이 단일민족임을 입증했다거나 단일민족 신화를 해체했다는 언론 보도에 일희일비할 것이 아니라, 그 과학적 지식이 어떤 정치적 요구와 사회적 맥락 속에서 생산되었는지를 비판적으로 이해하는 데 있을 것이다. 과학을 맹신하거나 배척하는 양극단을 넘어, 과학이 만들어지는 과정을 직시하고 그 와중에 간과된 문제들을 열린 자세로 토론할 때 비로소 우리는 과학과 함께 더 성숙한 사회적 합의를 만들어나갈 수 있다. 민족 정체성은 DNA 염기서열 속에 고정된 화석이 아니라, 우리가 끊임없이 다시 쓰고 만들어가야 할 사회적 이야기이기 때문이다.

4장

국가주의적
다민족 과학

"한국인에게는 '다문화 유전자'가 내재되어 있다." 중앙대학교 문화콘텐츠기술연구원의 다문화콘텐츠연구사업단을 이끌던 이찬욱 교수는 2014년에 한국의 귀화 성씨를 검토하며 이렇게 주장했다. 그의 논리에 따르면 한반도는 애초부터 '다문화 국가'였다. 삼국 시대부터 조선 시대에 이르기까지 중국계, 몽골계, 여진계, 위구르계, 아랍계, 베트남계, 일본계 등 수많은 이방인들이 끊임없이 귀화해 "한국사 속에 면면히 흐르는 다문화적 성격"을 만들었다는 것이다. 따라서 그는 한국 사회가 "단일민족이라는 공동체 의식에 갇혀서는 안 되며" 오히려 "기나긴 역사의 흐름 속에서 우리 안에 이미 내재하고 있는 다문화 유전자를 되새겨야 한다"고 결론지었다.[1]

이러한 다문화 유전자 담론은 2000년대 후반부터 대대적으로 전개된 정부 주도의 다문화 정책과 공명한다. 한국 사회의 단일민족 신화에 대한 국제 사회의 비판이 커지는 한편 저출산과 고령화로 인한 노동력 부족이 현실화되자 정부는 다문화를 새로운 국가 발전의 동력으로 삼기 시작했다. 이때 등장한 다문화 유전자라는 수사는 한국인의 혈통이 결코 순수하거나 단일하지 않다는 과학적·역사적 근거를 제시함으로써 낯선 이주민들을 이웃으로 받아들여야 할 당위성을 제공하는 듯했다. 마치 한국인들의 몸속에 이미 이주민들과 연

1   이찬욱, 「韓國의 歸化姓氏와 多文化」, 『다문화콘텐츠연구』 17집, 2014, pp. 253~77.

결될 수 있는 생물학적 고리가 존재한다는 식의 포용적인 제스처였다. 이는 유전학자들이 한국인의 이중 기원설을 통해 시도했던 포스트민족주의 과학과도 궤를 같이하는 것처럼 보였다.

하지만 포용의 수사 뒤편에서 실제 국가 시스템은 전혀 다른 논리로 작동하고 있었다는 점을 직시해야 한다. 다문화 유전자 담론은 2000년대 후반 정부의 다문화 정책의 산물이었지만, 정작 정책 현장과 과학 연구에서는 통용되지 않는 공허한 전제에 불과했다. 현실에서 정부는 '다문화 가족'이라는 새로운 인구 집단을 통치하기 위해 유전학적 전문성을 동원했고, 그 방향은 포용이 아닌 구별이었다. 한국인이 역사적으로 섞여왔다는 사실이 지금 눈앞에 있는 이주민을 한국인과 동등한 시민으로 대우하겠다는 약속으로 이어지지는 않았던 것이다. 오히려 과학은 한국인과 비한국인 사이의 생물학적 경계선을 더욱 세밀하게 긋는 도구가 되었다.

사회학자 손민서는 "다문화는 우리의 현실을 감춘 포장지"라고 날카롭게 지적했다.[2] 이 통찰을 빌려오자면, 포용성을 강조하는 "다문화 유전자"라는 수사 역시 다민족 과학이 구별의 과학으로 작동하는 현실을 숨기는 포장지 역할을 하고 있을 뿐이다. 시민권 신청을 위한 DNA 검사, 범죄 수

2   손인서, 『다민족 사회 대한민국』, p. 33.

사 현장, 그리고 생의학 및 법의학 연구의 실천들을 들여다보면, '우리 안의 다문화성'을 찾으려는 노력 대신, '순수 한국인'과 '혼종적 타자'를 가려내려는 집요한 시도들이 발견된다. 나는 이러한 현상을 생물문화적 순수성bicultural purity에 기반을 둔 미소민족적 분류 체계microethnic classification의 작동이라고 부르고자 한다.

결국 이 장에서 살펴보게 될 다민족 과학은 다문화라는 이름으로 포장된 구별의 체계다. 정부 당국과 과학자들은 여전히 한국인과 비한국인이라는 범주를 고수하며 다민족 과학을 배제의 도구로 만들어왔다. 우리는 한국 정부가 '다문화 가족'이라는 새로운 다문화 주체의 통치를 위해 유전학적 전문성을 어떻게 동원했는지, 그리고 그 과정에서 다문화 유전자에 대한 강조가 무색하게도 국가주의적 다민족 과학이 어떻게 끊임없이 구성원들을 생물학적으로 구별 짓는 도구로 사용되었는지를 확인하게 될 것이다.

다문화 통치의 시작과 위계화된 시민권

2000년대 중반, 한국 정부가 다문화 사회로의 전환을 공식적으로 선언한 배경에는 인류애와 같은 윤리적인 동기 외에도 경제적 계산이 깔려 있었다. 참여정부는 기존 이민 정책을 재편하여 한국인 디아스포라와 이민자에게 시민권과 거주권의 범위를 확대했는데, 여기에는 진보적 인권 정책의 영향도 있었으나 그 주된 동기는 경제적인 것이었다.

고령화와 저출생으로 인한 인구 절벽, 그리고 노동력 부족 문제를 타개하여 경제 성장을 지속할 수단으로 결혼 이민자와 이주노동자가 호출된 것이다. 2006년 4월 열린 국정과제회의는 이러한 전환점을 상징하는 사건이었다. 정부는 "다인종·다문화 사회로 빠르게 변모하고 있음에도 '단일민족'의 자긍심에 기반한 뿌리 깊은 '순혈주의'로 인하여" 발생하는 차별과 인권 침해를 국가 차원의 심각한 문제로 규정했다.[3] 이에 따라 '혼혈인'이라는 인종차별적 용어를 폐기하고 교과서에서 단일민족주의 요소를 제거하는 등 다문화 감수성을 함양하기 위한 대대적인 사회 인식 개선 작업이 시작되었다.

이러한 정책적 전환은 필연적으로 통치해야 할 새로운 인구 집단의 범주화를 요구했다. 그 결과 탄생한 것이 바로 다문화 가족이라는 행정 용어다. 2008년 제정된 '다문화가족지원법'은 그 지원 대상을 "한국인과의 결혼 이민자" 및 "귀화·인지에 의한 한국 국적 취득자"로 이루어진 가족으로 한정했다. 하지만 통계청의 인구총조사나 실제 행정 현장에서는 훨

---

3   관계부처 합동 빈부격차·차별시정위원회, 「여성결혼이민자
     가족의 사회통합 지원대책 확정」 보도자료, 제74회 국정과제회의,
     2006년 4월 26일.

씬 더 포괄적이고 이질적인 집단들이 이 범주 안에 묶여 들어왔다. 출생 기준 한국인과 결혼한 이주 여성, 조선족과 같이 한국으로 돌아온 디아스포라, 그리고 이들 사이에서 태어난 자녀들까지 모두 '다문화'라는 딱지를 달고 국가의 관리 대상이 되었다. 2023년 기준으로 이 '다문화 인구'는 119만 명을 넘어서며 한국 총인구의 2퍼센트를 초과하는 거대 집단으로 성장했다.

문제는 이 새로운 인구 집단을 국민으로 포섭하는 과정에서 정부가 다문화 유전자라는 포용적 수사와는 정반대되는 혈통의 논리를 더욱 강화했다는 점이다. 한국의 국적법은 기본적으로 부모 중 한 명이라도 한국인이어야 국적을 부여하는 혈통주의jus sanguinis 원칙을 고수하고 있다. 다문화 정책이 시행된 이후에도 이 원칙은 흔들리지 않았다. 정부는 1999년 제정되고 2004년 개정된 '재외동포법'을 통해 "대한민국 국적을 보유하였던 자 또는 그 직계비속"에게 특별한 법적 지위를 부여했다. 이들은 국적회복이라는 간소화된 절차를 통해, 쉽게 한국 국적을 취득할 수 있었다. 이러한 혜택은 오직 '순수' 한국인과 혈통을 공유한다고 여겨지는 한민족 디아스포라에게만 열려 있는 배타적인 문이었다.

반면 혈통적 연결 고리가 없는 아시아계 이주민들이 한국 시민권을 얻는 길은 험난했다. 이들에게 가장 현실적인 방법은 '출생 기준 한국인'과 결혼함으로써 한국인과 친족 관계를 맺고 귀화를 준비하는 것뿐이었다. 이 과정에서 유전학은 국가의 중요한 통치 도구로 등장했다. 2005년 DNA 검사가 국적 신청 절차에 도입되면서, 유전자 검사는 한국에서 국적을 결정하는 데 영향력을 행사하는 행정 절차가 되었다. 정부는 조선족과 같은 재외동포들이 서류만으로는 입증하기 어려운 혈연관계를 증명해야 할 때 DNA 검사 결과를 제출하도록 허용했고, 이는 자신의 한민족 됨을 증명하는 가장 확실하고 '가성비' 좋은 증거가 되었다.[4] 이는 생물학적 기준이 시민권 부여에 결정적 역할을 하는 '생명정치적 시민권biopolitical citizenship'의 전형을 보여준다.[5]

흥미로운 점은 이 유전학적 검증 시스템이 예기치 않은 기회를 제공하기도 했다는 사실이다. 베트남이나 필리핀 등지에 거주하던 한국인 남성의 혼혈 자녀들, 이른바 '코피노'나 '라이다이한'들이 DNA 검사를 통해 친자 관계를 입증함으로써 한국 국적을 주장할 수 있게 된 것이다. 혈통을 중시하는 한국의 법 제도가 버려진 혼혈 자녀들을 국민으로 포섭하는 길을 열어준 셈이다.

하지만 이러한 과학적 포용은 결코 평등하지 않았다. 국

---

4   이철우, 「한인(韓人)의 분류, 경계 획정 및 소속 판정의 정치와
     행정」, 『한국이민학』, vol. 1, no. 2, 2010, pp. 5~36.

5   Sarah Morando Lakhani and Stefan Timmermans, "Biopolitical
     Citizenship in the Immigration Adjudication Process," *Social
     Problems*, vol. 61, no. 3, 2014, pp. 360~79.

가는 DNA 검사를 통해 확인된 혈연관계를 바탕으로, 국민 내부에서 정교한 생물문화적 위계질서를 구축했다. 그 위계의 최상단에는 '출생 기준 한국인'이, 그다음에는 유전자 검사로 혈통을 증명한 디아스포라가, 그리고 가장 아래에는 혈통과 무관하게 결혼 등으로 편입된 귀화 한국인이 위치했다.[6] 이 위계는 GDP 인종주의와 결합하여 더욱 공고해졌다. 같은 한민족 핏줄이라도 미국이나 유럽 등 부유한 국가 출신의 디아스포라는 환대받고 특권적 지위를 누린 반면, 중국 출신의 조선족은 "열등하거나 착취하기 쉬운, 소모 가능한 노동력"으로 취급되었다.[7]

애초에 정부가 디아스포라에게 시민권을 개방한 주된 동기가 경제적 이익에 있었기 때문에, 자본과 기술이 부족한 조선족은 공유된 혈통에도 불구하고 진정한 한국인으로 대우받지 못했다. 북한이탈주민 역시 법적으로는 자동적인 국적 부여 대상이었지만, 냉담한 사회적 시선을 마주해야 했다. 그들이 겪었을 열악한 영양 상태와 질병은 그들을 '생물학적으로 열등한' 존재로 낙인찍는 근거가 되었다. 2017년 귀순한

6   Jaeeun Kim, "Establishing Identity: Documents, Performance, and Biometric Information in Immigration Proceedings," *Law & Social Inquiry*, vol. 36, no. 3, 2011, pp. 760~86.

7   Dong-Hoon Seol and John D. Skrentny, "Ethnic Return Migration and Hierarchical Nationhood: Korean Chinese Foreign Workers in South Korea," *Ethnicities*, vol. 9, no. 2, 2009, pp. 147~74.

북한 병사의 왜소한 체격과 장내 기생충에 대한 언론의 선정적인 보도는, 그들을 우리와 다른 '생물학적 타자'로 바라보는 한국 사회의 시선을 단적으로 보여주었다.

결국 다문화라는 수사 뒤에서 작동한 것은, 유전자 검사라는 과학기술을 동원해 혈통의 순수성을 검증하고 이를 바탕으로 국민의 등급을 매기는 구별의 정치였다. 한국 국적자들 사이에는 가시적이고 비가시적인 계층화가 이루어졌으며, 이는 생물학과 문화의 측면에서 '순수성'이라는 관념에 의존하고 있었다. 북한이탈주민, 조선족, 아시아 출신 결혼 이민자, 그리고 그들의 자녀들은 모두 각기 다른 이유로 '정상적인' 한국인과 생물학적으로 다르다고 간주되었다. 다문화 정책에 기초한 시민권 관리와 DNA 검사는 한국 사회를 용광로처럼 융합시키기보다는, '순수 한국인'을 중심에 두고 주변부의 존재들을 끊임없이 분류하고 관리하는 새로운 통치 기술로 기능했던 것이다.

생의학 연구에서 드러난 구별 짓기:
유전자와 환경의 분리

다문화 가족을 향한 국가의 구별 짓기는 법적·행정적 영역을 넘어 생의학 연구 현장에서도 분명하게 발견된다. 질병관리본부(현 질병관리청)가 주관한 '한국인 유전체역학 조사사업KoGES'이 대표적인 사례다. 이 사업은 한국인에게 흔히 나타나는 당뇨, 고혈압 등 만성질환의 발병 원인을 규명하기 위해 유전적 요인과 환경적 요인의 상호작용을 연구하는 대규모 코호트 프로젝트였다. 2001년부터 시작된 이 프로젝트는 2005년과 2006년, 정부의 다문화 사회 선언에 발맞추어 두 개의 새로운 연구 대상을 추가했다. 바로 '국외 이주자 연구'와 '국내 이주자 연구'였다.[8]

이 두 연구가 흥미로운 점은 연구 대상을 선정하고 분류하는 방식에 생물문화적 순수성의 논리가 깊숙이 개입되었다는 사실이다. 우선 '국외 이주자 연구'는 중국 지린성 창춘시와 일본 효고현 고베시에 장기 거주한 조선족과 재일한인을 대상으로 했다. 연구자들은 왜 하필 이들을 선택했을까? 그 답은 그들이 한국인과 '유전적으로 동일'하지만 '환경적으로 다른' 집단이라는 가정에 있었다. 2006년 충북대학교병원의 연구가 보여주듯, 한국의 생의학자들은 유전적으로 같은

8   이 사업에 관한 상세한 분석들로는 다음의 논문들을 참고. 박상희, 「'국내 이주민 유전체 역학조사'를 통해 본 국내 이주민들의 몸과 건강」, 『경제와사회』 110호, 2016, pp. 332~84; Jaehwan Hyun, ""Multilcultral Genes in Our Blood?" Genetic Governance and Biocultural Purity in South Korea," in Eram Alam, Dorothy Roberts, and Natalie Shibley(eds.), *Ordering the Human: The Global Spread of Racial Science*, New York: Columbia University Press, 2024, pp. 161~81.

한민족인 조선족과 한국인이 서로 다른 폐암 발병률을 보인 다면, 이는 전적으로 흡연이나 대기 오염 같은 환경적 차이에 기인한 것이라고 보았다.[9] 즉, 조선족의 '몸'을 환경 요인과 유전 요인을 분리해낼 수 있는 완벽한 '자연 실험실'로 간주한 것이다.

반면 '국내 이주자 연구'는 정반대의 논리로 설계되었다. 이 연구는 동남아시아 출신 결혼 이주 여성과 그들의 혼혈 자녀를 대상으로 했다. 연구자들은 이들이 한국인과 유전적으로 뚜렷이 구별되는 집단이라고 전제했다. 베트남이나 필리핀에서 온 여성들이 한국식 식습관과 생활 방식을 받아들임으로써 그들의 환경이 한국인과 유사해진 상황에서 그들에게 특정 만성질환이 발병한다면, 연구자들은 유전적 차이를 통제 변수로 두고 한국의 어떤 환경적 요인이 질병을 유발했는지 역추적할 수 있다고 믿었다. 특히 당시 유전적 역사 연구가 한국인의 기원을 북방계와 남방계의 혼합으로 설명하고 있었기에, 상대적으로 연구가 부족했던 '남방계' 유전자의 영향을 이해하기 위해서도 이들의 데이터는 소중한 자원이라고 여겨졌다.

9   하정호·이계영·김헌·강종원·김용대·엄상용·최강현·노성일·
     임동혁, 「한국인과 중국 연변지역의 조선족에서 hOGG과 L-myc
     그리고 대사효소 등의 다형성과 흡연 및 음주가 폐암발생에 미치는
     영향에 대한 비교연구」, Korean Journal of Health Promotion, vol. 6,
     no. 2, 2006, pp. 120~28.

이처럼 두 연구는 모두 '유전자-환경 상호작용 규명'이라는 과학적 목표를 내세웠지만, 그 기저에는 한국인을 기준으로 한 이분법이 작동하고 있었다. 조선족은 유전적으로는 동일하지만 문화(환경)가 열등한 집단으로, 동남아 이주 여성은 환경은 유사하나 유전적으로 다른 집단으로 분류되었다. 더욱이 이 분류 과정에서 과학적 엄밀성보다는 사회적 편의와 편견이 작용하기도 했다. 예를 들어 국내 이주자 연구에서 아시아 이주 여성의 혼혈 자녀는 비한국인 모계 혈통 때문에 유전적으로 순수 한국인과 '다른' 존재로 분류되었지만, 국외 이주자 연구에서는 부모 중 한쪽이 한국인이 아니더라도 조선족이라면 편의상 한민족 범주에 포함시키기도 했다. 순수 한국인 피험자를 충분히 모집하기 어렵다는 현실적 이유로 '생물학적 동질성'의 기준을 연구 여건에 맞게 낮추었던 것이다.

연구 대상의 명칭을 둘러싼 혼란도 이러한 분류의 자의성을 보여준다. 초기에 연구진은 동남아시아 출신 이주 여성들을 "동남아시아인"으로 지칭했으나, 이듬해 갑자기 "동아시아인"이라는 용어로 대체했다. 한국에서 동아시아인은 주로 한·중·일 3국을 지칭하는 용어임에도 불구하고 굳이 부정확한 용어를 선택한 이유는 무엇일까? 보고서에는 명확한 설명이 없지만, 아마도 한국 사회에서 '동남아'라는 단어가 멸칭이자 차별적 함의를 담고 있다는 사실을 의식했을 가능성이 크다. 이는 유전체역학 조사사업에서 사용된 인종 및 종족 범주가 객관적인 과학적 사실에 기반하기보다는 연구를 둘러싼 사회적·문화적 협상의 결과물임을 시사한다.

결국 이 과학 프로젝트는 다문화 주체들에게 무료 건강검진을 제공하고 그들의 건강을 챙긴다는 복지의 외피를 두르고 있었지만, 그 본질은 그들을 끊임없이 '순수 한국인'과 비교하고 대조하는 대상화의 과정이었다. 조선족은 중국의 열악한 공중보건 환경과 다른 식습관을 지닌 존재로, 결혼 이주 여성은 생식 건강과 인구 재생산의 도구로 관리되었다. 국가 주도의 다민족 과학은 이질적인 존재들을 포용하여 하나의 시민으로 통합하는 것이 아니라, 그들의 생물학적·문화적 차이를 미세하게 들여다보며 한국인과의 경계선을 더욱 뚜렷하게 확인하는 작업에 몰두했던 것이다.

'다문화 범죄'의 공포와 '민족 식별' 검사의 개발

다문화 사회의 도래는 공중보건뿐만 아니라 치안의 영역에서도 새로운 불안을 야기했다. 2000년대 후반부터 일부 범죄학자들과 언론은 외국인 유입이 급증함에 따라 소위 '다문화 범죄'가 폭발적으로 증가할 것이라는 경고음을 울리기 시작했다. 왜 이런 공포가 확산되었을까? 여기에는 통계적 착시와 제도적 공백이 복합적으로 작용했다. 통계청의 분석에 따르면 2000년부터 2010년 사이에 외국인 형법 범죄자 수는 6.2배 증가하여 외형적으로는 외국인 범죄가 급증한 것처럼 보였다. 그러나 이는 체류 외국인 인구의 급격한 증가를 고려하지 않은 착시였다. 인구 10만 명당 범죄자 수를 기준으로 한 범죄율을 살펴보면, 2010년 기준 내국인 범죄자율은 2,118명인 데 반해 외국인 범죄자율은 1,159명에 불과했다. 즉, 실제로는 내국인의 범죄율이 외국인보다 약 1.8배 더 높았다.[10] 하지만 더 근본적인 문제로 여겨진 것은 2003년 정부가 외국인 입국 시 지문 날인 제도를 폐지하면서 발생한 생체 정보의 공백이었다. 내국인은 주민등록증을 처음 발급받을 때 열 손가락 지문을 모두 등록하여 국가 데이터베이스에 저장, 관리되지만, 외국인은 그렇지 않았기에 범죄 현장에서 지문이 발견되어도 신원을 확인할 길이 없다는 수사 기관의 불안감이 컸던 것이다. (한편, 2010년 출입국관리법이 개정되면서 2012년 1월부터 외국인의 지문과 안면 정보를 수집하는 제도가 재도입되었다. 하지만 단기 체류 외국인의 경우는 수집 대상이 양손 검지 지문에 한정되어 있어, 최근까지도 일각에서는 수사 현장에서 실제 지문 감식에 활용하기에는 한계

10   민수홍, 「외국인 범죄의 현황과 추세」, 『한국의 사회동향 2013: 안전』, 통계청, 2013, pp. 276~81.

가 있다며 열 손가락 지문 등록 필요성을 제기하고 있다.[11]

　이러한 치안 공백에 대한 우려와 제노포비아적 공포는 법의학계에 새로운 연구 명분을 제공했다. 국립과학수사연구원(국과수)을 비롯한 법의학자들은 지문 정보가 등록되어 있지 않은 외국인 용의자를 식별하기 위해 DNA 분석 기술에 주목했다. 초기에는 Y 염색체 등을 분석해 용의자가 한국인인지 아닌지를 판별하는 수준이었으나, 곧 더 정교한 기술인 조상정보표지자Ancestry Informative Markers 분석을 도입하려는 시도가 이어졌다. 조상정보표지자는 인간 집단 간에 빈도 차이를 보이는 유전적 마커를 분석하여 DNA 주인인 용의자의 '종족성ethnicity'을 추론하는 기술이다. 본래 미국에서 흑인, 백인, 히스패닉 등을 구별하기 위해 개발된 것이었는데, '종족성'이라는 표현에도 불구하고 범죄 수사에 사실상 인종 프로파일링을 도입한다고 비판받던 기술이었다.[12]

　한국 법의학자들은 미국의 인종 프로파일링 기술을 그대로 가져다 쓸 수 없었다. 당시 인종 개념을 피해 채택된 생물지리적 조상biogeographical ancestry 분류는 아프리카계, 유럽계, 아시아계와 같은 대륙별 구별 범주를 활용했는데, 이는

11　지명훈 기자, "단기체류 외국인 열손가락 지문 등록 조속히 이뤄져야," 『동아일보』, 2023년 5월 14일.

12　Lisa Gannett, "Biogeographical Ancestry and Race," *Studies in History and Philosophy of Science Part C: Studies in History and Philosophy of Biological and Biomedical Sciences* 47, 2014, p. 175.

이민자의 대다수가 같은 아시아인인 한국의 상황에서는 무용지물이었기 때문이다. 한국의 수사 현장에서 필요한 것은 거대 인종의 구분이 아니라, 몽골인, 중국인, 베트남인 등 아시아인 내부의 미세한 차이를 식별해내는 기술이었다. 특히 범죄율이 높다고 인식되거나 사회적 감시의 대상이었던 조선족과 몽골인을 '순수 한국인'과 구별해내는 것이 시급한 과제로 떠올랐다. 이에 따라 법의학자들은 '민족 식별'을 위한 한국형 DNA 프로파일링 개발에 착수했다.

2015년부터 2017년까지 진행된 국립과학수사연구원의 "민족 계통 식별을 위한 DNA 프로파일링 개발" 프로젝트는 이러한 맥락에서 추진되었다.[13] 연구진은 아시아 이민자에 의한 범죄 증가를 프로젝트의 명분으로 내세우며, mtDNA, Y-DNA, 상염색체 DNA 등을 종합하여 가해자의 '민족성'을 특정하는 소프트웨어 개발을 목표로 했다. 흥미로운 것은 이들이 내세운 또 다른 명분이었다. 경찰관들이 아시아계 이주민의 언어나 관습을 몰라 무고한 이민자를 용의자로 의심하는 인종차별적 상황을 막기 위해서라도, 과학적인 '민족 프로파일링'이 필요하다는 논리였다. 즉, 차별을 줄이기 위해 더

13   김욱, 「민족 식별을 위한 DNA 프로파일링 시스템 개발」,
      국립과학수사연구원, 2015; 김욱, 「부계 민족 식별을 위한
      Y-염색체 DNA 프로파일링 시스템 개발」, 국립과학수사연구원,
      2016; 김욱, 「민족 식별을 위한 Y-염색체 DNA 프로파일링 시스템
      개발」, 국립과학수사연구원, 2017.

정교한 생물학적 구별 기술이 필요하다는 역설적인 주장이었다.

이러한 현지화 과정에서 과학 용어의 오역과 개념의 혼재는 필연적이었다. 한국 법의학자들은 'ancestry'를 '민족'으로, 'ethnic profiling'을 '민족 식별'로 번역했다. 그 결과 서구 법유전학계가 인종적 함의를 피하기 위해 새로이 도입한 '생물지리적 조상'이라는 개념이 한국에서는 다시 생물학적 혈연 공동체를 의미하는 민족이라는 용어로 환원되는 결과가 초래되었다. 결과적으로 한국의 법의학 연구에서 인종, 민족, 조상은 서로 구분되지 않고 뒤섞여 사용되었으며, 이는 '순수 한국인'과 아시아계 이민자들을 생물학적으로 구분하려는 한국 법의학계의 시선을 반영했다.

비록 개발된 조상 추론 소프트웨어가 실제 수사 현장에서 널리 쓰이지는 못했지만, 법의학계의 이러한 노력은 멈추지 않고 있다. 2019년 국과수 연구원들은 호주 연구진과 협력하여 중국, 일본, 한국, 태국 등 아시아인 집단을 구별할 수 있는 새로운 마커를 발견했다고 보고했다.[14] 이처럼 법의학은 '다문화 범죄'에 대응한다는 명분 아래, 아시아라는 인종 집단

14   Hyo Jung Lee, Sun Pyo Hong, Soong Deok Lee, Hwan Seok Rhee, Ji Hyun Lee, Su Jin Jeong, and Jae Won Lee, "Evaluation of the Classification Method Using Ancestry SNP Markers for Ethnic Group," *Communications for Statistical Applications and Methods* 26, 2019, pp. 1~9.

내부에서 한국인의 생물학적 경계를 그 어느 분야보다도 날카롭게 긋고 있다.

법의학 분야의 다민족 과학은 여러 가지 문제점을 보여준다. 무엇보다도 '다문화 범죄'라는 용어 사용은 그 자체로 심각한 문제를 내포한다. 범죄는 개인의 행위 문제이지 행위자의 정체성 문제가 아님에도, 이 용어는 특정 인구 집단을 범죄와 필연적으로 결부시켜 사회적 낙인을 찍는 효과를 낳기 때문이다. 또한 한국 법의학계가 시도하는 '민족 식별'은 과학적 타당성 측면에서도 문제가 있다. 대륙 간의 유전적 차이를 구별하는 것과 달리, 수천 년간 교류하며 섞여 살아온 동북아시아 내 한국인과 몽골인, 혹은 중국인을 특정 유전자 표지자만으로 칼같이 나눌 가능성에 대해 의구심을 표하는 과학자들이 적지 않다. 그럼에도 불구하고 '순수 한국인'을 타자로부터 분리해내겠다는 일념으로 추진되는 이러한 연구는, 어떻게 과학이 국가와 민족의 경계를 유전자 수준에서 다시 긋는 통치의 도구로 활용되고 있는지를 잘 보여준다.

수혈 정책과 '다문화 아동'의 인종화

구별의 과학이 가장 분명하면서도 우려스러운 형태로 드러나는 영역은 다문화 가정 아동을 대상으로 한 보건의료 정책이다. 이곳에서 작동하는 과학은 선의로 포장되어 있기에 그 문제점이 더욱 은폐되기 쉽다. 대표적인 사례가 2010년 서울 송파구가 시작한 '다문화 가정 제대혈 무료 보관 서비스'다. 이 사업은 "다문화 가정의 아이는 일반 가정의 아이들보다 특이한 유전적 구조를 가지고 있어 백혈병 등에 걸릴 경우 골수를 구하기 힘들다"는 전제하에 시작되었다. 언뜻 보면 배려 깊은 복지 혜택처럼 보이지만, 이는 다문화 아동을 유전적으로 특이한 존재, 즉 '일반적인' 한국인과는 생물학적으로 다른 집단으로 규정하는 시선에서 출발한다.[15]

이러한 선의에 기반한 구별은 혈액학 연구에서 본격화되었다. 한국인 유전체역학 조사사업에서 국내 이주자 연구는 동남아시아 출신 결혼 이주 여성의 2.41퍼센트가 베타 지중해빈혈thalassemia 보인자라고 보고했다. 베타 지중해빈혈은 '순수' 한국인에게는 극히 드문 질환으로, 2011년에 베트남 출신 다문화 가정 아동에게서 알파 지중해빈혈 증례가 처음으로 보고되었다. 이처럼 동남아시아 출신 다문화 가정 아동들이 모친의 유전적 특성 때문에 그간 한국인 집단에는 드물게 발병하던 혈색소 질환 보인자가 될 수 있다는 관찰과 함께, 2013년에는 이들 가운데 희귀 혈액형 보유자 또한 늘어날 것이라는 예측이 나왔다. 그에 따라 국가적 차원의 수혈 정책

15 「다문화가정엔 제대혈 보관 '공짜'」, 『대한민국정책브리핑』, 2010년 3월 12일.

과 다문화 가정 아동의 혈색소 질환 감별을 위한 검진 체계 마련의 필요성 또한 제안되었다.[16]

이에 질병관리본부는 2015년부터 '국내 청소년의 적혈구 항원 모델링 조사' 용역 사업을 발주했다. 부산대병원 연구팀이 수행한 이 연구는 초기 설계 단계부터 연구 대상자를 부모 모두가 한국인인 "일반 가정(비다문화) 자녀"와 부모 중 한 명 이상이 외국인인 "다문화 가정 자녀"라는 이분법적 범주로 나누었다. 연구팀은 3년에 걸쳐 수백 명의 청소년을 모집하여 ABO, Rh, Duffy, Kidd, MNS 등 주요 혈액형 항원의 유전형과 표현형을 정밀 분석했다. 이는 한국인의 표준 유전형을 상정하고, 그 기준선에서 벗어난 '이질적인' 유전형을 찾아내려는 미소민족적 분류의 전형이었다.

연구 결과는 예상대로 두 집단 간의 미세한 차이를 드러내는 데 집중되었다. 보고서에 따르면, Rh 혈액형이나 MNS 혈액형의 특정 항원 빈도에서 통계적으로 유의미한 차이가 확인되었고, 한국인들에게는 극히 드문 희귀 혈액형 또한 발견되었다. 구체적으로 다문화군 아동들에게서 Fy(a-b+) 등의 희귀 표현형이 발견되었고, 비다문화군에서는 발현되지 않는 MNS 혈액형군의 Mia 항원이 다문화군에서는 6.1퍼센

---

16   권정란·이미남·장충훈·김이경·최영실, 「국내 희귀혈액등록체계
        Korean Rare Blood Program, KRBP 구축」, 질병관리본부
        장기이식관리센터 혈액안전감시과, 2013년 10월 18일.

트나 검출되었다. 연구진은 이러한 데이터를 근거로 다문화 가정의 증가가 한국의 기존 혈액 수급 체계와 수혈 안전성에 잠재적 변수가 될 수 있다고 결론 내렸다.

그러나 이 연구들이 '다문화군'을 설정하고 분석하는 방식에는 분류학적 문제가 내재해 있다. 용역 보고서에 따르면 다문화군으로 분류된 아동들의 부모 국적은 베트남, 중국, 필리핀, 캄보디아, 우즈베키스탄, 러시아, 미국, 페루 등으로 유전적 배경이 극도로 이질적이다. 유전학적으로 볼 때 동남아시아인, 중앙아시아인, 아프리카계 미국인 등을 하나의 '다문화'라는 범주로 묶어 한국인과 비교하는 것이 적절할까? 그럼에도 불구하고 연구진은 이 이질적인 집단을 단지 부모가 한국인이 아니라는 이유 하나만으로 묶어 통계 처리를 감행했다. 이는 해당 연구가 개별 이주민 집단의 유전적 특성을 정밀하게 파악하기 위해서라기보다는, 국가주의적 다민족 과학의 전형적인 패턴을 좇아 순수 한국인이라는 유전적 기준점을 설정하고 그로부터 벗어나는 모든 존재를 다문화라는 생물학적 타자로 구별 짓고 있음을 보여준다.[17]

또한 이 연구는 혈색소 질환과 같은 특정 유전질환을 다문화와 결부시키며 그들을 잠재적인 보균 집단으로 대상화

---

17   신경화·김형회·이현지·안태영·박경운·홍윤지·권정란·최영실·김준년,「국내 소아청소년의 적혈구 항원 분포 변화: 다문화 사회에 따른 변화」,『대한수혈학회지』, vol. 27, no. 2, 2016, pp. 105~12.

했다. 연구진은 다문화군 아동들에게서 지중해빈혈 보인자가 발견된 점을 강조하며, 이들이 늘어남에 따라 국내에 드물던 유전성 혈액질환이 증가할 것이라고 예측했다. 이는 의학적 사실의 기술을 넘어, 다문화 아동을 한국 사회의 순수한 생물학적 풀을 오염시키거나 공중보건 비용을 증가시키는 존재로 인식하게 만들 위험성을 내포한다. 실제로 보고서는 지중해빈혈 환자의 증가에 대비해 한국형 수혈 가이드라인을 제정해야 한다고 주장하며, 이들을 관리 대상으로 명확히 했다.

더욱 논쟁적인 대목은 연구 결과가 도출해낸 정책 제언, 특히 '인종' 개념의 도입 시도다. 2015년에 출판한 농어촌 지역 청소년의 적혈구 항원 조사 연구 보고서에서 연구진은 "다문화 가정 청소년들의 혈액형 항원 빈도가 한국인과 달라 맞춤 혈액 수혈을 위해서는 같은 인종의 헌혈이 필요함을 교육해야 한다"고 주장했다. "미국처럼 헌혈자 스스로 자신의 인종을 밝히는 방법race/ethnity self-reported by the donor"을 도입하거나 "외국인 및 다문화 가정의 헌혈을 장려"하여 희귀 혈액을 확보해야 한다는 것이다.[18] 희귀 혈액형을 가진 환자에게 적합한 혈액을 공급하려는 의학적 목적은 타당할지 모르나, 한국의 헌혈 및 수혈 체계에 인종이라는 범주를 공식적으로

18   부산대학교병원, 「농어촌지역 청소년의 적혈구항원 모델링 조사」, 질병관리본부, 2015, p. 62.

도입하는 것은 다른 차원의 문제다. 2023년 기준 다문화 대상자의 절반 이상이 유전적으로 한국인과 큰 차이가 없는 중국인, 일본인임을 고려할 때, 이들을 굳이 별도의 '인종'으로 구분하여 별도의 헌혈을 해야 할 만큼 의학적 실익이 큰지는 의문이다. 오히려 이러한 정책은 학교와 사회에서 다문화 가정 아이들에게 너희는 우리와 피가 다르니 너희끼리 피를 주고 받아야 한다는 식의 낙인을 찍을 위험이 훨씬 컸다.

사회학자 강진웅은 2000년대 후반 다문화 정책이 등장한 이후 다문화 교육이 학교 현장에 확산되기는 했지만, 교과서에서 한국인이 단일민족이라는 믿음을 일소하는 데에는 실패했다고 주장했다.[19] 교과서의 다문화 교육 내용은 이민자와 한국인의 차이를 강조함으로써 한국인을 "재국민화 renationalized"하는 효과를 낳았다. 예를 들어 초등학교 사회 교과서는 북한이탈주민을 비롯한 '새로운' 한국인들을 '우리' 한국인과 명확히 구별하면서도 그들의 문화적 행동에 대해 관용을 보일 필요가 있다고 설명한다. 이처럼 새로운 한국인들에 대한 통치를 위해 유전체역학이나 조상정보표지자 기술과 같은 새로운 기술과학적 가능성들을 활용하는 가운데, 정부와 다민족 과학자들은 '다문화'를 순수 한국인들의 생물문화적 타자로서 인종화하고 있었다.

19   강진웅, 「초등 사회과의 다문화교육: 탈민족화와 재민족화의
      역설」, 『사회과교육』, vol. 55, no. 3, 2016, pp. 1~19.

국가 주도의 다문화주의와 구별의 과학

지금까지 우리는 2000년대 중반 이후 한국 사회가 다문화 시대로 진입하면서, 국가 시스템이 어떻게 과학을 동원해 새로운 구성원들을 관리하고 통치해왔는지 살펴보았다. 다문화 유전자라는 포용적 담론에도 불구하고, 시민권 심사, 생의학 연구, 범죄 수사, 공중보건 정책 등 국가의 핵심 통치 영역에서 과학은 순수 한국인과 다문화 주체를 끊임없이 구별하고 위계화하는 도구로 작동했다.

이 과학들은 선한 의도를 앞세웠다. 예를 들어 한국 청소년의 적혈구 항원 분포에 대한 조사는 희귀 혈액형을 가진 다문화 가정 청소년이 제때 수혈을 받지 못하거나 이들 가운데 일부가 G6PD 결핍 보인자일 경우 말라리아 감염 치료제인 프리마퀸을 사용하다 용혈 빈혈로 심각한 건강 문제가 발생할 수 있으니 그런 일을 미연에 방지하려는 의도를 가지고 있었다. 하지만 그 모든 선의의 실천은 '순수 한국인'과 '생물문화적 타자인 다문화 주체'라는 이분법을 전제로 할 때만 가능했다. 다문화 사회 도래에 대응한다는 명분으로 수행된 다민족 과학은 역설적으로 한국인의 생물문화적 순수성이라는 경계를 그 어느 때보다도 견고하게 재확인하고 강화하는 구별의 과학으로 작동했다.

이러한 한국의 국가주의적 다민족 과학은 서구의 사례

와 비교할 때 그 특수성이 더욱 명확해진다. 미국이나 캐나다 등지에서는 소수자 운동의 영향으로, 유전체 연구에 소수 집단을 포함하는 것을 사회 정의의 실현으로 이해한다. 그들은 과학 연구가 백인 남성 중심으로만 이루어져온 과거를 반성하고, 소수 인종에게도 의학적 혜택을 돌려주기 위해 윤리적 가이드라인을 만들고 그들의 참여를 독려한다. 즉, 그곳에서의 '포용'은 권리의 확장과 정의의 문제다.

반면, 한국의 다민족 과학에는 이러한 사회 정의를 위한 자리가 비어 있다. 이 장에서 살펴본 여러 과학적 실천들은 이주민이나 다문화 가정 아동들을 연구 대상으로 삼으면서도, 그 과정에서 발생할 수 있는 윤리적 문제나 그들이 겪을 차별에 대한 깊이 있는 고민이 결여되어 있다. 연구는 철저히 정부가 주도하는 하향식 다문화 정책의 일부이자 경제 성장의 도구로서 이민자를 효율적으로 관리하거나 잠재적인 범죄 위협을 통제하려는 목적, 혹은 생물학적 자원을 확보하려는 상업적 이익의 관점에서만 진행되었다.

다문화 사회의 도래에 대응한다는 명분으로 수행된 과학이 역설적으로 단일민족의 경계를 더욱 강화하고 이주민을 타자화하는 현실, 이것이 바로 우리가 마주한 구별의 과학의 현실이다. 이주민이 단지 관리의 대상이자 객체로만 간주되는 한, 그들의 권리나 주체성을 논할 자리는 원천적으로 존재할 수가 없다. 우리에게는 다음과 같은 질문이 필요하다.

우리의 과학은 과연 누구를 위해, 무엇을 위해 복무하고 있는가? 단순히 차이를 식별하고 관리하는 것을 넘어, 차이가 차별의 근거가 되지 않는 정의로운 과학을 상상하는 일은 과연 불가능한 것인가?

5장

새로운 인종 과학

2022년 10월, 한국 사회 내 반중反中 감정이 최고조에 달했던 시기에 국내 최대의 온라인 커뮤니티 중 하나인 디시인사이드에는 "한국의 토착짱개 전라도에 대해 알아보자"라는 제목의 게시물이 등장해 화제를 모았다.[1] 이 게시물은 전라남도와 중국 간의 우호 교류 사업 기사들을 나열하며 지역적 반감을 부추기는 것으로 시작했지만, 글의 핵심 근거는 놀랍게도 유전학 데이터였다. 게시자는 김욱 연구팀이 과거 발표했던 한국인의 Y 염색체 DNA 하플로그룹 연구 결과들을 자의적으로 취합하면서도 그 출처는 불분명하게 만들어놓은 "국내 지역별 부계 하플로그룹 분포 표"를 직접 작성해 첨부했다 (표 1). 그는 이 표를 근거로 중국인에게서 흔히 발견되는 유전형인 'O3' 하플로그룹이 경상도보다 전라도 지역에서 더 높은 비율로 나타난다고 주장했다. 이러한 데이터 제시는 단순한 지역 비하가 아니라 특정 지역민을 생물학적으로 타자화하고 배제하려는 시도였다.

게시자는 유전학의 언어로 지역 혐오와 외국인 혐오를 연결 지었다. 그는 O3 하플로그룹을 '열등한 중국인 유전자'

[1]   이 장은 2025년 7월 7일을 기준으로 2011년 8월 28일부터 생성된 디시인사이드의 '역사 Q&A 갤러리' 게시글 1,902개를 포함해 "하플로"와 관련된 여러 갤러리 게시글들을 크롤링한 자료들을 분석하여 작성한 것이다. 예를 들어 현재 인용한 게시글은 '정치, 사회 갤러리'에 업로드된 게시글이다. 가독성을 높이기 위해 꼭 필요한 경우가 아닐 경우 출처는 생략했음을 밝혀둔다.

	서울경기	강원	충청	전라	경상	제주
O2b	20.91%	31.75%	20.83%	23.33%	17.86%	22.99%
O2b1	7.27%	7.94%	9.72%	7.78%	11.90%	9.20%
O3	50.91%	38.10%	50.00%	43.33%	36.90%	43.68%
D2	0.91%	0.00%	1.39%	3.33%	2.38%	1.15%
C	0.91%	0.00%	0.00%	0.00%	0.00%	0.00%
C1	0.00%	0.00%	0.00%	0.00%	0.00%	1.15%
C3	12.73%	12.70%	11.11%	13.33%	16.67%	6.90%
N	1.82%	6.35%	4.17%	4.44%	4.76%	6.90%
Q	2.73%	1.59%	1.39%	0.00%	1.19%	1.15%
R	0.00%	0.00%	0.00%	0.00%	1.19%	1.15%
기타	1.82%	1.59%	1.39%	4.44%	7.14%	5.75%

〈표 1〉 디시인사이드 게시물에 포함된 한국인의 Y 염색체 DNA 하플로그룹
지역별 분포 (출처: https://gall.dcinside.com/stock_new2/7104724)

로 규정하고, 이 유전형의 비율이 경상도보다 전라도에서 높게 나타난다고 지적하면서 전라도 사람들은 생물학적으로 중국인과 다를 바 없다고 단정 지었다. 나아가 그는 전라도 사람들이 "과거로부터 내려온 저능함이 DNA에 각인되어 있는 존재"이며, 한국 사회에 위협이 되는 중국에 생물학적으로나 정치적으로 우호적일 수밖에 없다고 주장했다. 이러한 주장은 전라도라는 특정 지역 집단을 사회정치적으로 배제해야 할 대상으로 규정하는 극단적인 혐오 발언으로 이어졌다. 여

기서 주목할 점은 이 혐오의 근거가 감정적인 선동에만 머무르지 않고, 유전학이라는 과학적 권위를 빌려 객관적 사실인 양 포장되었다는 점이다.

이러한 현상은 비단 이 하나의 게시물에 국한되지 않는다. 나는 오늘날 극단주의 온라인 커뮤니티를 중심으로 유전학 지식이 인종주의적 편견과 결합하여 확산되는 일련의 현상을 '하플로 담론'이라고 명명하고자 한다. 여기서 '하플로'란 부모 중 한쪽으로부터 함께 물려받는 유전자들의 묶음인 일배체형haplotype의 줄임말로, 유전학자들은 유사한 하플로타입을 공유하는 집단인 '하플로그룹'을 추적하여 인류의 기원과 이주 경로를 연구해왔다. 그러나 과학자들의 손을 떠난 뒤에 이 전문 용어는 온라인 커뮤니티라는 공간에서 전혀 다른 맥락으로 소비되고 있었다. 그들은 하플로그룹의 알파벳 기호 O3, O2b, C3 등을 마치 혈액형 성격설처럼 손쉽게 사용하며, 타인에 대한 차별과 혐오를 정당화하는 과학적 근거로 삼고 있었다.

이 기이한 현상을 이해하기 위해서는 미국의 과학기술학자 애런 파노프스키와 조앤 도노반의 연구를 참조할 필요가 있다. 그들은 미국의 백인 우월주의자 온라인 커뮤니티인 '스톰프론트Stormfront'를 분석함으로써, 인종주의자들이 유전자 검사 결과를 단순히 수동적으로 받아들이는 것이 아니라 자신들의 인종차별적 논리에 적합하게 재해석하고 전유한다는 사실을 보여주었다. 파노프스키와 도노반은 이를 "인종주의의 시민과학citizen science of racism"이라고 불렀다. 백인 우월주의자들은 유전학 지식을 학습하고 데이터를 수집하며, 자신들의 인종적 순수성을 증명하거나 훼손된 정체성을 복구하기 위해 과학적 지식 및 논의를 적극적으로 차용했다. 이들은 주류 과학계의 해석을 거부하고, 자신들의 인종주의 이데올로기를 뒷받침할 수 있는 독자적인 논리와 반지식counter-knowledge을 생산해냈다.[2]

이 장에서는 수많은 온라인 공간 중에서 특히 디시인사이드를 주목한다. 디시인사이드는 한국 인터넷 하위문화의 발원지이자 날것 그대로의 여론이 적나라하게 표출되는 공간이다. 익명성에 기댄 디시인사이드의 일부 갤러리들은 혐중 정서와 특정 지역 비하, 그리고 여성 혐오가 별다른 제재 없이 횡행하는 극단주의의 온상이기도 하다. 이런 극단주의 성향의 커뮤니티들은 단순히 혐오를 배설하는 공간에 머무르지 않는다. 이들은 자신들의 혐오 논리를 정당화하기 위해 적극적으로 외부의 지식을 끌어오고 재가공하는 지적 활동을 수행한다.

특히 디시인사이드의 '역사 Q&A 갤러리'나 '하플로그룹

2   Aaron Panofsky and Joan Donovan, "Genetic Ancestry Testing among White Nationalists: From Identity Repair to Citizen Science," *Social Studies of Science*, vol. 49, no. 5, 2019, pp. 653~81.

마이너 갤러리' 등은 과학적 전문 용어와 인종주의적 편견이 기괴하게 동거하는 독특한 생태계를 형성하고 있다. 파노프스키와 도노반이 스톰프론트에서 목격했던 것처럼, 이곳의 유저들 역시 유전학 논문을 발굴하고, 데이터를 해석하며, 자신들만의 반지식을 생산해낸다. 이들은 다민족 과학이 제시하는 포용이나 다양성의 가치에는 철저히 무관심하거나 이를 조롱한다. 대신 그들은 과학이 제공하는 차이와 구별의 언어만을 선택적으로 취해, "전라도는 유전적으로 중국인에 가깝다"는 식의 배제적 서사를 강화하는 데 사용한다. 즉, 디시인사이드는 다민족 과학의 지식이 어떻게 사회적 맥락과 분리되어 혐오의 무기로 뒤바뀌는지, 그리고 대중이 과학을 어떻게 주체적으로 '오독'하여 새로운 차별의 근거를 만들어내는지를 보여주는 리트머스 시험지인 셈이다. 따라서 이를 분석하는 것은 단순히 온라인상의 일탈 행위를 관찰하는 것이 아니라 한국에서 과학과 사회, 그리고 혐오가 얽힌 복잡한 상호작용의 실체를 규명하는 작업이 된다.

말하자면 디시인사이드는 한국판 극단주의자들이 유전학이라는 권위 있는 과학을 혐오의 도구로 전유하는 과정이 가장 투명하게 드러나는 현장이다. 이 장에서는 디시인사이드의 하플로 담론에 초점을 맞추어, 다민족 과학의 지식이 어떻게 오용되고 변형되어 새로운 종류의 인종 과학으로 진화하는지 그 양상을 면밀히 살피고자 한다. 이 새로운 인종 과학은 크게 세 가지 특징을 보인다. 첫째, 외모와 성격에 대한 통속적인 편견을 특정 하플로그룹과 연결하여 인종주의적 관념을 유전학화한다. 둘째, 지역 감정이나 여성 혐오와 같은 한국 사회의 고질적인 혐오 문제들을 유전적 분류와 결합하여 인종화한다. 셋째, 이러한 비과학적 주장들에 대한 외부의 비판을 내부의 강고한 논리로 무력화하며 스스로를 재생산한다. 이 과정을 추적함으로써 우리는 다민족 과학이 의도치 않게 열어젖힌 한국 사회의 특정 지역, 성별, 이주민에 대한 차별과 혐오의 판도라 상자를 마주하게 될 것이다.

하플로 골상학: 21세기판 유사과학

19세기 서구 사회에서는 두개골의 모양으로 인간의 성격과 지적 능력을 파악할 수 있다는 골상학phrenology이 유행했다. 골상학자들은 뇌의 특정 부위가 발달하면 두개골의 해당 부분이 돌출된다고 가정하고, 이를 통해 개인의 범죄 성향이나 도덕성을 판단하려 했다. 당시 골상학은 단순히 개인의 성격을 맞히는 점술이 아니었다. 그것은 서구 제국주의의 팽창과 맞물려 백인의 우월성을 입증하고 유색인종이나 여성, 하층 계급에 대한 차별을 정당화하는 '과학적' 도구로 활용되었다. 비록 현대 과학에 의해 골상학은 사이비 과학으로 판명되어

폐기되었지만, 인간의 생물학적 특징에서 사회적, 정신적 특질을 찾아내려는 욕망은 사라지지 않았다.[3]

오늘날 디시인사이드에서 유행하는 하플로 담론은 골상학의 21세기판 부활이라 부를 만하다. 과거 골상학이 두개골이라는 물리적 지표에 집착했다면 현대의 하플로 골상학은 눈에 보이지 않는 DNA, 그중에서도 Y 염색체 하플로그룹을 그 자리에 대신 앉혔다. 이들은 최신 유전학이 밝혀낸 하플로그룹이 특정 인류 집단을 대표한다고 가정하고 이 하플로그룹의 알파벳이 O2인지 O3인지 C인지 등만 알면 해당 개인이나 집단의 외모, 성격, 지능, 심지어 정치적 성향까지 파악할 수 있다고 믿는다. 뇌의 형태나 무게 대신 유전자를, 두개골 측정 도구 대신 유전자 검사 결과지가 더 과학적이라고 믿을 뿐, 생물학적 결정론에 기반하여 인간을 위계화하려는 본질적인 논리는 19세기의 그것과 판박이다.

이 하플로 골상학의 신봉자들은 무엇보다도 외모와 유전자의 연결 고리에 병적으로 집착한다. '역사 Q&A 갤러리'의 하플로 관련 게시물 1,900여 건을 분석해본 결과, 최소 330건 이상이 외모나 얼굴 생김새를 특정 하플로그룹과 연결 짓는 내용이었다. 이는 해당 갤러리뿐만 아니라 '하플로그룹 마

---

3   Courtney Thompson, "Phrenology," *Encyclopedia of the History of Science*, 2021년 11월, https://doi.org/10.34758/ymce-b249 (2025년 12월 31일 검색).

이너 갤러리' 등 유사한 성향의 커뮤니티에서도 공통적으로 나타나는 현상이다. 유저들은 유명 연예인이나 역사적 인물, 심지어 본인의 사진을 올리고, 그 생김새를 근거로 하플로그룹을 추정하는 놀이를 즐겼다. 이들에게 유전자는 실험실에서 분석해야 할 화학 물질이 아니라, 얼굴 생김새만 보면 알수 있는 가시적인 형질이다. 특정 유전형genotype과 외모라는 표현형phenotype이 일대일로 대응한다는, 현대 유전학이 이미 오래전에 오류로 판명한 전제를 아무런 의심 없이 받아들이고 있는 것이다.

예를 들어 이와 같은 '놀이'가 처음 시작되었을 2012년경에 한 유저는 "원빈의 부계 염색체"라는 제목의 글에서 배우 원빈의 유전적 혈통을 분석했다. 그는 원빈의 얼굴 윤곽과 두상을 분석한 결과 그가 "하플로 O1a"일 것이라고 진단했다. 그의 주장에 따르면 O1a는 동남아시아에 많이 분포하는 유전형인데, 원빈의 이국적인 외모가 바로 이 유전자에서 기인했다는 것이다. 반면 그는 원빈에게서 일본인의 조상으로 알려진 조몬인(하플로 D2)의 특성은 전혀 보이지 않는다고 덧붙였다.[4] 이는 유전형과 표현형(외모)이 일대일로 대응한다는, 유전학적으로 전혀 근거 없는 전제 위에서 이루어진 자의적인 해석 놀이에 불과하다.

4   "원빈의 부계염색체," 디시인사이드 '역사 Q&A 갤러리,' 2012년 2월 2일, https://gall.dcinside.com/history_qna/2949

이러한 관상학적 유전학은 몇 년 뒤에 한 유저가 연재한 "한국 연예인 얼굴 보고 하플로 판별해본다" 시리즈에서 더욱 체계적이고 정교한 형태로 진화했다. 그는 같은 부계 혈통의 집안이면 성별과 관계없이 비슷한 신체적 특징을 공유한다는 독자적인 가설을 설파하며 수많은 연예인을 분류했다. 예를 들어, 배우 김무열에 대해서는 날카롭고 단정한 외모를 근거로 "전형적인 한국계 O2b 상"이라고 규정하는 식이다. 반면 이경규나 이홍기 등 전주 이씨 성을 가진 연예인들은 중국계와 관련된 O3 하플로그룹일 가능성이 높다며, 특정 성씨와 유전형, 그리고 외모를 기계적으로 일치시키는 모습을 보였다.[5] 이는 복잡한 유전적 상호작용을 무시한 채 단 하나의 부계 유전자만으로 인간의 외형을 설명하려는 시도다.

특히 흥미로운 지점은 이러한 분석이 시각적 정보를 넘어 청각적 정보로까지 확장된다는 것이다. 해당 유저는 가수 싸이(박재상)를 분석하면서, 밀양 박씨라는 본관을 공유하는 연예인 리지(박수영)과 비교했을 때 이질적인 얼굴임에도 불구하고 그의 목소리에서 결정적인 단서를 찾을 수 있다고 주장했다. 싸이가 "오빠 강남스타일"을 외칠 때 들리는 굵고

5   "[유명인판독] 한국 연예인 얼굴 보고 하플로 판별해본다-김씨,"
      디시인사이드 '역사 Q&A 갤러리,' 2014년 3월 9일, https://gall.
      dcinside.com/history_qna/6266; "[유명인판독] 한국 유명인-
      이씨," 디시인사이드 '역사 Q&A 갤러리,' 2014년 3월 12일,
      https://gall.dcinside.com/history_qna/6349

우렁찬 목소리가 몽골-시베리아 계통인 C3 하플로그룹의 전형적인 특징이라는 것이다.[6] 이는 과학적 근거가 전무한 주관적인 인상을 데이터로 치환시키는 유사과학적 상상력을 보여준다. 하지만 이 같은 주장은 커뮤니티 내에서 통찰력 있는 분석이라고 소비되며 편견을 사실로 굳히는 기제로 작동하고 있었다.

이러한 하플로 골상학은 19세기의 인종 이론을 무비판적으로 수용하여 현대화하기도 한다. 디시인사이드 유저들은 1883년 에르빈 벨츠Erwin Baelz가 주장했던 '만주-조선형'과 '몽골-말레이형'의 분류법을 가져와 이를 각각 O2b와 O3 하플로그룹에 대입한다.[7] O2b는 한국계(만주-조선형)로 키가 크고 피부가 희며 얼굴이 좁은 귀족적 형질로 묘사되는 반면, O3는 중국계(몽골-말레이형)로 키가 작고 피부가 검으며 코가 낮은 열등한 형질로 비하된다. 식민지 시대의 인종주의적 편견을 최신 유전학 용어인 하플로그룹과 결합해 마치 객관적인 과학적 사실인 양 설명하는 것이다. 이런 맥락에서 폐기된 지 100년도 넘은 낡은 인종 이론이 유전학이라는 새로운 언어를 통해 세련된 외양을 갖고 부활하게 된다.

6   "[유명인판독] 한국 유명인-박씨," 디시인사이드 '역사
     Q&A 갤러리,' 2014년 3월 10일, https://gall.dcinside.com/
     history_qna/6296

7   벨츠의 황인종 이론에 대한 설명은 다음을 참고. 사카노 토오루,
     『제국 일본과 인류학자(1884~1952)』, 박호원 옮김, 민속원, 2013.

외모에 대한 평가는 성격과 기질, 나아가 정치적 성향에 대한 판단으로까지 이어진다. 커뮤니티의 자칭 유전학 전문가들은 C2e 하플로그룹 보유자를 "독종, 싸움꾼, 조폭"의 기질을 가진 집단으로, O1a 보유자를 종속적이고 순종적인 성격을 가진 집단으로 규정한다. 반면 자신들이 선호하는 O1b1 등의 그룹은 "바른 생활, 사업가, 권력 의지"를 가진 우월한 집단으로 포장한다.[8] 나아가 C3는 보수 성향, O3는 진보 좌파 성향이라는 식의 정치적 도식화까지 이루어진다. 이렇듯 복잡한 사회적, 정치적 태도를 단순한 생물학적 본능으로 환원시켜 상대 정치 진영에 속한 사람들을 대화가 통하지 않는 생물학적 타자로 만들어버린다.

혐오를 인종화하기: O3, 짱깨, 홍어

온라인 커뮤니티에서 하플로 담론이 위험한 이유는 그것이 한국 사회의 고질적인 지역 갈등과 반중 정서, 그리고 여성 혐오에 '과학적' 정당성을 부여하려 하기 때문이다. 유저들은 특정 하플로그룹에 경멸적인 의미를 덧씌우고, 이를 특정 집단과 결부시킴으로써 사회적 혐오를 '인종화racialization'한다.

8   "각 부계 하플로별 특징," 디시인사이드 '역사 Q&A 갤러리,' 2020년 2월 24일, https://gall.dcinside.com/history_qna/18394

이 과정에서 O3 하플로그룹은 단순한 유전자 기호가 아니라 대한민국 내부에서 제거해야 할 '오염원'이자 생물학적 '적'으로 의미화된다. 과학 용어가 혐오의 언어로 번역되는 순간 차별은 개인의 호불호가 아닌 집단적이고 생물학적인 필연으로 탈바꿈된다.

가장 대표적인 사례가 중국계 유전자와 특정 지역을 연결 짓는 배제의 논리다. 디시인사이드의 혐오론자들은 중국인에게서 흔히 발견되는 O3 하플로그룹을 비하적인 용어와 결합하여 부른다. 그리고 김욱 교수의 연구 데이터를 아전인수 격으로 해석해 전라도 지역이 다른 지역보다 O3 비율이 높다는 주장을 집요하게 유포한다. 전라도가 유전적으로 중국인에 가깝다는 식의 주장은 단순한 지역 감정을 넘어, 이들을 한국인이라는 범주에서 생물학적으로 분리해내려는 시도다. 이는 그들에 대한 차별을 정당화하는 강력한 기제로 작동하며, 같은 국민을 '이질적인 타자'로 인식하게 만든다.

이러한 논리는 정치적 색깔론과 결합하여 더욱 강화된다. 커뮤니티 유저들은 전라도 지역의 진보주의적 정치 성향이 문화나 역사가 아닌, O3 유전자 때문이라고 주장한다. "전라도가 친중 행보를 보이는 것은 그들의 피에 중국인의 유전자가 흐르기 때문"이라는 식의 주장은 정치적 견해 차이를 생물학적 차이의 결과로 환원시키는 것이다. 이들에게 좌파나 진보 세력은 설득이나 토론을 통해 합의에 도달할 수 있는 시민적 동료가 아니다. 그들은 타고난 유전적 결함으로 인해 국가에 해를 끼칠 수밖에 없는 '생물학적 반역자'로서 배제와 척결의 대상이 된다.

여성 혐오 역시 하플로 담론의 주요한 테마 중 하나로 변주된다. 일부 남성 유저들은 한국 여성의 신체적 특징을 비하하기 위해 O3 유전자를 근거로 끌어들인다. "한국 여자들의 다리 길이가 짧고 허리가 긴 것은 열등한 O3 유전자의 전형적인 특징"이라며 조롱한다.[9] 여성의 신체를 유전적 우열을 가리는 평가 대상으로 전락시키고, 특정 유전자를 가진 여성을 결혼에 "부적합한 존재"로 대상화하는 것이다. 이는 여성 혐오를 유전학적 사실인 양 포장하여 정당화하려는 매우 문제적인 시도다.

이러한 혐오는 '유전적 정화'라는 우생학적 망상으로 이어진다. 디시인사이드 커뮤니티에는 "O3 유전자를 가진 남성과의 결혼을 피해야 한다"거나, "국가의 미래를 위해 O3 비율을 인위적으로 줄여야 한다"는 주장이 심심치 않게 등장한다. 여성을 민족 개량의 도구로 바라보고, 특정 집단의 도태를 주장하는 이러한 시각은 나치 독일의 민족위생을 연상시킬 정도로 전체주의적이고 폭력적이다. 이는 단순히 온라인상의

---

9   "한국 여자들의 다리 길이가 짧은데, 역시 O3 특징이다,"
     디시인사이드 '역사 Q&A 갤러리,' 2014년 3월 11일, https://gall.
     dcinside.com/history_qna/6342

과격한 발언이 아니라 인간의 존엄성을 부정하는 문제적인 사상으로 발전될 여지가 다분하다.

하플로 담론의 유포자들은 다문화 정책 또한 '민족 오염'의 관점에서 바라본다. 이 유저들은 다문화가 진행되면 한국 고유의 O2b 유전자가 사라지고 중국계 O3가 사회를 지배할 것이라는 공포를 조장한다. 이들에게 다문화 가정의 자녀나 귀화자는 결코 진정한 한국인이 될 수 없다. 그들은 대한민국의 순수한 혈통을 오염시키는 '침입자'이자, 중국의 영향력을 확대하려는 '유전적 트로이 목마'로 간주된다. 동북공정에 빗대어 하플로 담론 유포자들 사이에서 널리 사용되는 'O3 공정' 음모론은 이처럼 반중 정서에 기생하여 인종주의적 온라인 공간에서 생명력을 얻어왔다. 극단주의 커뮤니티를 중심으로 널리 공유되는 이런 종류의 온라인 담론은 한국이 진정한 다문화 사회로 전환하는 데 큰 걸림돌이 될 수 있다.

무화되는 자정 작용: 혐오의 자가발전 메커니즘

디시인사이드 내부에서도 이성적인 목소리는 분명 존재했다. 2010년대 초반부터 일부 유저들은 유전학적 지식을 근거로 하플로 골상학의 허구성을 꾸준히 지적해왔다. "하플로그룹 하나로 외모나 성격을 판단하는 건 비과학적이다" "하플로그룹은 수많은 조상 중 부계 쪽 한 줄기일 뿐 전체 유전자를 대변하지 못한다" 등의 상식적인 반박이 제기되기도 했다.[10] 하지만 이러한 합리적 비판은 혐오의 논리 앞에서 크게 힘을 발휘하지 못하는데, 커뮤니티 내에서 비판을 무력화하고 혐오를 재생산하는 견고한 방어 기제가 지속적으로 작동하고 있기 때문이다.

첫번째 방어 기제는 비판자에 대한 조롱과 낙인이다. 진지하게 과학적 사실을 설명하려는 유저에게는 "진지병 걸렸다" "고등학교 생물 시간으로 돌아가라" "방구석 훈장님 납셨다"는 식의 조롱이 쏟아진다. 과학적 토론 자체를 커뮤니티의 분위기를 파악하지 못하는 촌스러운 행동으로 몰아세워 입을 막아버리는 것이다. 이는 논리적으로 반박할 수 없을 때 메신저를 공격하는 전형적인 수법이다. 이러한 조롱 문화 속에서 토론은 설 자리를 잃고 혐오는 유희의 대상이 되어 더 빠르게 확산된다.

두번째는 비판의 정치화를 통한 배제다. 하플로 골상학에 이의를 제기하는 순간 해당 유저는 '특정 세력'으로 간주되어 공격받는다. O3 하플로그룹과 중국인의 연관성을 부정하

---

10   "외모로 하플로측정의 불확실성," 디시인사이드 '역사 Q&A 갤러리,' 2013년 10월 26일, https://gall.dcinside.com/ history_qna/4615; "부계 하플로와 외모가 관련성이 높다는 과학적인 증거가 있는지 궁금," 디시인사이드 '역사 Q&A 갤러리,' 2014년 1월 31일, https://gall.dcinside.com/history_qna/5789

거나 특정 지역 비하를 비판하면, 대뜸 조선족인지, 특정 지역 출신인지, 좌파 성향인지 등의 사상 검증이 제기된다. 과학적 사실을 언급하는데도 순식간에 정치적 프레임에 갇혀 적으로 규정되는 것이다. 이 같은 진영 논리 앞에서는 어떠한 객관적인 데이터도 설득력을 잃게 되고 커뮤니티는 비판이 허용되지 않는 폐쇄적인 공간으로 변질된다.

세번째는 자신들의 믿음과 배치되는 과학적 증거가 제기되는 경우 음모론을 활용해 재해석하는 것이다. 대표적인 사례가 유전자 검사 업체 '유후YouWho'를 둘러싼 음모론이다. 유후의 검사 결과에서 한국인의 유전자 구성 중 중국계 비율이 예상보다 높게 나오거나 O3 비율이 높게 나오자, 커뮤니티는 이를 받아들이는 대신 조작설을 제기했다. 유저들은 "유후 대표가 전주 이씨라서 데이터를 조작했다"는 식의 주장을 펼쳤다. 전주 이씨 가문에 O3 하플로그룹이 많다는 자신들만의 가설을 근거로, 업체가 O3를 한국인의 주류로 만들기 위해 결과를 왜곡했다는 것이다.[11] 디시인사이드에 패러디로 등장한 "전주 이씨 공정" "좌파의 다문화 공작"이라는 음모론은 반대 증거를 무력화한다.

네번째는 지식의 취사선택이다. 이들은 수많은 논문과

---

11   "유전자 검사업체 유후의 좆북공정," 디시인사이드 '역사 Q&A 갤러리,' 2024년 2월 12일, https://gall.dcinside.com/ history_qna/22599

데이터 중에서 자신들의 주장에 부합하는 내용만 교묘하게 골라낸다. 예를 들어 한 유저는 특정 논문의 데이터 중 경상남도의 O3 하플로그룹의 비율(33.18퍼센트)이 조선족보다 낮게 나왔다는 점만을 부각하면서 이를 "최저치 기록"이라며 환영했다. 반면, 같은 데이터에서 O2b 계통이 높게 나온 것을 두고는 "남해안에 O2b1b가 상당히 많다"며 이를 "한韓민족의 진정한 하플로"로 추켜세웠다.[12]

다섯번째는 가짜 권위의 창출과 맹신이다. 커뮤니티 내에서는 제도권 학자가 아닌 '네임드 유저'가 전문가로 대접받는다. 앞서 언급한 한 유저는 "물리적 형질과 하플로의 상관관계를 관찰하고 있다"며 전문가처럼 진지한 어조로 연재글을 올렸고, 수많은 유저들이 그에게 "얼굴 좀 판독해달라"며 사진을 보냈다. 또 다른 유저는 전문적인 역사 및 유전학 용어를 섞어 쓴 글을 통해 권위를 획득했으며, 그를 추종하거나 혹은 비판하기 위해 별도의 게시물이 올라올 정도로 커뮤니티 내에서 상당한 영향력을 행사했다. 정작 김욱 교수와 같은 실제 유전학자들의 연구는 본인들의 주장과 대조될 경우 "옛날 자료"라거나 다문화주의 등의 영향을 받아 "정치적으로 편향되었다"며 무시하면서도, 익명의 유저가 엑셀로 만든 조잡한

---

12   "경남+전남+제주 y-str 259샘플 분석 (Chun2005)," 다음 카페 '분자인류학논단,' 2013년 7월 21일, https://cafe.daum.net/molanthro/I4mi/76?q=D_URn3ADgTL250&

도표는 "반박 불가한 팩트"라며 맹신하는 기이한 권위 구조
가 형성되어 있다.

마지막으로, 이 모든 과정은 폐쇄적인 반향실echo
chamber 안에서 이루어진다. 비판적인 목소리가 차단된 극단
주의의 온라인 공간에서 혐오 논리는 자기 복제를 거듭하며
더욱 강화된다. 외부의 시선이나 비판은 "우리를 공격하는
세력"으로 간주되어 오히려 내부 결속을 다지는 재료로 쓰일
뿐이다. 자정 작용이 멈춘 커뮤니티는 거대한 혐오 배양소가
되어 오늘도 과학의 언어를 빌려 새로운 인종주의를 생산 중
이다.

새로운 인종 과학의 재료가 된 다민족 과학

새로운 인종 과학의 재료는 과연 어디서 오는가? 역설적이게
도 그것은 다민족 사회로의 전환을 지지하며 연구를 수행해
온 다민족 과학의 성과물이다. 앞서 1장에서 확인했듯, 한국
과학계가 편의를 위해 '인종'과 '민족'이라는 용어를 성찰 없
이 혼용했던 관행은 대중에게 인종적 차이는 과학적으로 실
재한다는 잘못된 확신을 심어주었다. 과학자들이 무심코 열
어둔 인식론적 틈새가 혐오론자들에게는 자신들의 편견에
과학의 언어를 덧입힐 수 있는 토양이 된 것이다. 나아가 과

학이 제공한 구체적인 분석 틀은 혐오의 논리를 정교화하는 데 중요한 역할을 했다. 3장에서 다루었던 한국인 이중 기원설은 단일민족 신화를 깨기 위한 시도였으나, 역설적으로 혐오론자들에게 북방계와 남방계라는 이분법적 도구를 제공했다.

여기에 4장에서 확인한 국가 주도의 다민족 과학은 구별의 논리를 제도적 사실로 만들었다. 단순히 시민권 심사에 동원되는 유전자 검사뿐만 아니라 범죄 수사 현장에서 범인을 특정하기 위해 '민족 식별'을 가능하게 만들려는 법의학적 시도, 질병 연구를 위해 이주민을 별도의 코호트로 분류하여 관리하려는 공중보건의학적 접근 등은 모두 순수 한국인과 비한국인 사이에 생물학적 경계선이 뚜렷하게 존재한다는 믿음을 강화했다. 이러한 생물문화적 순수성에 기반한 국가의 통치 기술은 한국인 내부의 생물학적 타자를 과학을 통해 식별하고 구별할 수 있다는 잘못된 생각을 사회 전반에 승인해 준 셈이다. 결국 과학자들이 포용을 위해 시작한 연구가 구별의 논리를 채택하고, 국가주의적·상업적 목적에 복무하며, 그 지식이 대중에게 전유되는 과정에서 인종주의와 혐오를 정당화하는 반지식의 '과학적' 재료가 되고 만 것이다.

가장 대표적인 사례가 김욱 연구팀의 데이터다. 연구팀은 2010년에 "한국인 집단에서의 Y 염색체 동질성Y Chromosome Homogeneity in the Korean Population"이라는 제목으로 발표한 논문에서 법의학적 식별을 위한 참조 데이터를 만들기 위해 서울-경기, 충청, 전라, 경상, 제주의 지역별 하플로그룹 분포를 조사했다.[13] 하지만 혐오론자들은 이 논문의 핵심 결론인 한국인 집단 내의 유전적 동질성 논의는 배제하고, 표에 제시된 미세한 지역별 수치 차이만을 발췌했다. 그리고 데이터를 재가공해 "전라도에 중국계 유전자가 더 많다"는 식의 〈표 1〉과 같은 도표를 만들고, 이를 근거로 지역 비하를 과학적 사실로 포장했다.

2022년 발표된 가야인 고유전체학 연구 역시 혐오의 재료로 쓰였다. UNIST의 박종화 교수팀 등이 참여한 이 연구는 삼국 시대 한반도에 다양한 유전적 배경을 가진 집단이 공존했음을 밝혀냈다.[14] 그러나 이 복잡하고 섬세한 학술적 성과는 커뮤니티에 도착하자마자 두 갈래의 극단적인 서사로 오독되었다. 한쪽에서는 "고대 가야인이 북중국인과 가깝다"는 대목에 절망하며 "우리 몸에 흐르는 중국계의 피를 씻어내기 위해 일본 조몬인과 섞여야 한다"는 식의 기괴한 우생학적 결

13   Soon Hee Kim, Myun Soo Han, Wook Kim & Won Kim, "Y chromo-some homogeneity in the Korean population," *International Journal of Legal Medicine*, vol. 124, 2010, pp. 653~57.

14   Pere Gelabert, Asta Blazyte, Yongjoon Chang, Daniel M. Fernandes, Sungwon Jeon, Jin Geun Hong, and Jiyeon Yoon et al., "Northeastern Asian and Jomon-related Genetic Structure in the Three Kingdoms Period of Gimhae, Korea," *Current Biology*, vol. 32, no. 15, 2022, pp. 3232~44.

론을 도출했다. 이는 반중 정서가 과학적 사실을 만나 어떻게 민족 개조론이라는 망상으로 발전하는지를 보여준다.[15] 반대로 '에펨코리아'와 같은 남성 중심 대형 커뮤니티에서는 동일한 논문이 정반대의 방향으로 소비되었다. "가야인과 현대 한국인의 외형이 유사하다"는 구절을 근거로, 이 커뮤니티에서는 "한국인이 삼국 시대부터 유전적으로 단일민족이었다"는 주장이 힘을 얻었다. 이는 "다문화주의자들의 거짓말이 들통났다"는 승리 선언으로 이어졌고, "다문화 정책을 폐기해야 한다"는 배타적 민족주의를 불타오르게 하는 장작이 되었다. 하나의 논문이 혐중주의자의 우생학적 망상과 반다문화주의자의 순혈주의 모두에 복무하는 일이 일어난 것이다.[16]

시민과학의 형태를 띤 온라인 커뮤니티의 하플로 담론 생산자들의 활동은 과학의 권위를 가져와 혐오에 공신력을 부여한다. 이들은 논문을 직접 찾아 의도적으로 오독하고, 통계를 취사선택해 사용하며, 전문 용어를 섞어 글을 쓴다. 이 과정에서 학술적 외양은 일반 대중에게 이들의 혐오 발언을 그럴듯한 사실로 받아들이게 만드는 착시 효과를 일으킨다.

---

15   "[기타] 파딱아 나 한국인에 대한 감정이 식어가고 있다." 디시인사이드 '분자인류학 갤러리,' 2023년 2월 6일, https://gall. dcinside.com/molanthro/628

16   "삼국 시대 한반도인 관련 논문," 에펨코리아, 2022년 10월 24일, https://www.fmkorea.com/?mid=best&document_srl=5139721174 &cpage=1

파노프스키와 도노반이 지적했듯, 이는 단순한 무지가 아니라 적극적인 지식 생산 활동이자 반지식의 구축 과정이다.

결국 다민족 과학은 본래의 의도였던 포용과 이해 대신, 구별과 배제의 활동에 재료를 공급하는 역설적인 결과를 낳고 말았다. 이는 단순히 대중이 과학을 오독했기 때문이 아니라 애초에 과학자들이 연구의 편의를 위해 도입한 인종적 민족 개념이나 구별에 초점을 맞춘 집단 분류 활동이 배제의 가능성을 내포하고 있었기 때문이다. 과학자들이 인간 집단을 나누고 명명하는 행위는 그 자체로 가치 판단이 개입된 정치적 행위다. 혐오론자들은 바로 이 '과학적으로 승인된 구별'의 틈새를 파고들어 자신들의 논리를 정당화했다. 이런 맥락에서 다민족 과학자들은 실험실 안에서 만들어진 지식이 사회 속에서 어떤 배제와 차별을 야기할 수 있는지, 사전에 성찰하지 못한 책임으로부터 자유롭기는 어려울 것이다.

이제 우리는 과학적 사실은 가치중립적이라는 유령처럼 되돌아오는 믿음을 폐기해야 한다. 과학은 오롯이 자연의 거울이 아니라 사회적 합의와 편견이 얽힌 복잡한 구성물이며, 지식을 생산하는 과정은 그 자체로 누군가를 배제하거나 권력을 부여하는 정치적 과정임을 직시해야 한다. 다민족 과학이 진정한 포용의 도구가 되기 위해서는 지식 생산의 첫 단계부터 현재 채택한 분류나 연구 목표가 사회적으로 어떤 사회적 파장을 일으킬지를 고민하는 인식론적 전환이 필요하다.

멈추지 않는 혐오의 재생산 고리를 끊을 수 있는 힘은 과학이 사회와 분리될 수 없음을 인정하는 과학자들의 자기성찰과, 이를 감시하고 더 정의로운 과학을 요구하는 시민들의 연대에서 비롯될 것이다.

나가며

구별의 과학과 포용의 과학

지금까지 2000년대 초중반 한국 사회가 다문화 사회로의 전환을 선언하던 시기에 태동한 다민족 과학의 여정을 추적해보았다. 다민족 과학은 단일민족 신화를 과학적으로 해체하고, 이주민을 포용하며, 아시아인의 건강 증진에 기여하겠다는 진보적이고 포용적인 전망과 함께 출발했다. 과학자들은 다양한 분야에서 새로운 과학기술을 활용해 한국 사회의 다민족적 현실에 부응하고자 했다. 그러나 이 책이 여러 장에 걸쳐 보여준 바와 같이, 그 선한 의도와 약속에도 불구하고 다민족 과학은 끊임없이 이주민과 한국인을 나누고 둘 사이에 생물학적·문화적 경계를 긋는 구별의 과학으로 작동해왔다.

나는 이처럼 다민족 과학의 약속과 현실 사이의 깊은 간극을 탐구하며 그 계보를 추적했다. 1장에서는 '인종'과 '민족'이라는 용어가 식민지 시대의 인종주의적 언어 유산 속에서 어떻게 구별의 어휘를 제공했는지 밝혔다. 2장에서는 '아시아인 유전체'라는 포용의 수사가 어떻게 생명자본의 논리와 민족주의적 경쟁에 의해 잠식되었는지 폭로했다. 3장에

148

서는 정부 주도의 다문화 정책과 민족주의적 역사 분쟁이라는 두 충돌하는 요구 사이에서 유전적 역사라는 포스트민족주의 과학이 어떤 굴레에 갇히게 되었는지 분석했다. 4장에서는 유전자 검사, 생의학, 법의학이 이주민을 관리하기 위해 '생물문화적 순수성'이라는 논리에 따라 국가 주도의 생명정치적 통치의 도구로 활용되는 과정을 상세히 살폈다. 그리고 5장에서는 이 모든 구별의 과학이 생산한 지식들이 궁극적으로 특정 온라인 커뮤니티에서 어떻게 통속적 인종 과학의 재료가 되었는지 확인했다.

다민족 과학이 그 포용적 약속을 배반하고 구별과 배제의 논리를 강화하는 방향으로 나아간 과정은 복합적인 메커니즘의 결과다. 이는 단순히 과학이 사회에 의해 '오염'된 것이 아니라, 과학적 실천의 내적·언어적 관행, 국가와 시장의 구조적 요구, 그리고 대중적 지식의 전유 과정이 서로 맞물리며 만들어낸 귀결이다. 이 미끄러운 비탈길의 구조를 해부하는 것은 미래의 과학이 같은 경로를 밟지 않기 위해 필요한 성찰의 과정이다.

인종 과학으로의 미끄러운 비탈길

다민족 과학이 인종 과학으로 미끄러지는 비탈길의 출발점은 언어에 있었다. 1장의 체계적 문헌 고찰에서 드러났듯이 한국 과학계는 영어 용어 'race'의 사용을 포기했지만, 국문 용어 '인종'과 '민족'을 생물학적 집단 분류의 도구로 현재까 지 지속적으로 사용해왔다. 이 용어들은 'population' 'ethnic group' 'ancestry' 등 다양한 영문 개념을 번역하는 데 상호 교 환적으로 쓰인다.

이렇게 '인종'과 '민족' 개념을 집단 분류에 사용하는 관 행은 단순한 번역의 문제가 아니다. 이는 '민족'을 생물학적- 인종적 실체로 개념화했던 일제 강점기의 언어적 관행이 오 늘날 과학 활동에서도 지속되고 있음을 의미한다. 이러한 관 행은 집단 간의 생물학적 차이를 자연스럽고 과학적으로 타 당한 탐구 대상으로 여기게 만드는 인식론적 공간을 창출했 다. 비록 과학자들은 해당 연구 대상 집단을 간편하게 가리키 기 위한 대리물proxy로서 인종이나 민족 개념을 사용했을지 몰라도, 과학계 바깥의 일반인들에게는 인종·민족 간의 생물 학적 차이가 실재한다는 것으로 쉽게 오인되었다.

바로 이 지점에서 구별의 과학을 향한 첫걸음이 시작된 다. 인종적 민족 개념이나 인종 분류를 지속적으로 사용하는 일은 단순한 증상이 아니라, 모든 후속적인 미끄러짐을 가능 하게 하는 원인이다. 과학자들의 비성찰적인 언어적 관행 자 체가 부분적으로나마 인종화의 초기 작업의 토대가 된 것이 다. 따라서 포스트-인종 과학은 단순히 'race'라는 한 단어를 폐기하는 것만으로는 달성될 수 없으며, 집단을 분류하고 명명하는 개념적 장치 전체에 대한 비판적 재검토와 과학계 바깥에도 그런 개념적 장치의 대리물적 성격과 정치적 성격을 모두 알리려는 노력이 필요할 것이다.

다민족 과학이 구별의 논리를 채택한 것은 과학 내부의 언어적 관행만으로는 설명되지 않는다. 국가와 시장의 구조적 요구가 과학을 그러한 방향으로 이끌었다. 경제적, 사회적 안정을 위해 새로운 인구를 관리하려는 국가의 생명정치적 필요와, 새로운 생물학적 데이터를 창출하고 자본화하려는 시장의 생명자본주의적 욕구가 인간 집단의 분류와 차별화라는 지점에서 만난 것이다. 예를 들어 국가는 '다문화 가족'이라는 새로운 통치 대상을 설정하고, 이들의 시민권 심사, 법의학적 감시, 공중보건 관리를 위해 과학을 동원했다. 또 2000년대에 처음 출현한 '아시아인 유전체' 프로젝트는 아시아 시장을 선점하려는 상업화 전략이자 중국의 '게놈 동북공정'에 맞서는 민족주의적 대응으로 구상되었다.

이렇듯 국가와 시장 모두 구별의 과학을 필요로 했다. 국가는 시민과 비시민, '순수' 한국인과 디아스포라 한국인, 건강한 재생산 주체와 공중보건의 잠재적 위험 요소를 구별하고자 했다. 시장은 '한국인'을 가치 있는 독점적 데이터 자산으로 만들기 위해 중국인 유전체에 '남방계 아시아인 유전체'라는 명칭을 부여하고, 한국인을 '북방계 아시아인 유전체'로 명명하게 했다. 이처럼 구별의 과학은 진공 속에서 탄생한 것이 아니다. 저출산 문제 해결과 같은 경제적 동기에서 출발한 국가의 하향식 다문화 정책은 '다문화 주체'라는 새로운 범주를 창조했고, 이들을 관리할 과학적 도구에 대한 수요를 창출했다. 마침 바이오 산업을 육성하려던 정부의 눈에 집단마다 서로 다른 유전적 '차이'는 생명경제를 창출할 수 있는 새로운 자원으로 보였다.

따라서 다민족 과학의 포용적 수사가 쉽게 폐기된 것은 놀라운 일이 아니다. 그 밑바탕에 깔린 구조적 유인책은 언제나 차이를 생산하고 관리하는 쪽으로 기울어져 있었기 때문이다. 이는 국내에서 유전체 정의 담론이 부재하는 이유를 잘 설명해준다. 이주민이 경제적 자원이나 국가적 관리의 대상으로만 간주되는 틀 안에서는 그들이 지식의 공동 생산자이자 과학 연구의 참여 주체로서 권리를 논할 공간은 존재하지 않는다.

다민족 과학이 생산한 지식은 실험실이나 학술지에 머무르지 않고 사회로 흘러나와 예측 불가능한 방식으로 전유되고 무기화되었다. 2000년대에 출현한 유전적 역사 분야의 한국인 이중 기원설은 그 해석적 유연성 덕분에 단일민족 신화를 논파하는 동시에 중국의 역사 주장에 맞서 한국인의 고유성을 옹호하는 데 모두 사용될 수 있었다. 하지만 2010년대에 이르러 이 학술적 지식의 모호성과 이중적 활용 가능성은 온라인 커뮤니티에서 악의적인 인종주의적 시민과학이 출현하는 데 중요한 기반이 되었다. 과학자들이 다각적으로 해석될 수 있는, 심지어 모순적으로 보이는 논리를 자신들이 생산한 지식에 부여했을 때, 의도치 않게 반다문화주의자를 비롯한 혐오론자들이 해당 지식을 선택적으로 사용할 수 있는 기회를 제공한 셈이다. 인간의 차이에 대한 과학적 지식의 유연성은 결코 가치 중립적이지 않으며, 비대칭적인 위험을 내포한다. 예컨대 다문화주의자는 한국인의 기원이 복합적이라는 과학적 결과에 기대어 이주민에 대한 포용을 강력하게 요구할 수는 없다. 반면 디시인사이드의 혐오론자와 반다문화주의자 들은 하플로그룹 분포 지도를 '객관적' 데이터로 제시하고 특정 지역민이 유전적으로 열등하거나 혐오하는 국가와 연결되어 있음을 '증명'하며 혐오와 차별을 선동할 수 있다.

근본적인 문제는 인종을 연상시키는 분류 행위 그 자체에 있다. '북방계 아시아인'이나 '남방계 아시아인'과 같은 집단을 만들고 명명함으로써, 과학자들은 온라인에서 인종주의적 내용으로 채워질 범주들을 생성한다. 이때 과학자의 본래 의도는 무관해진다. 일단 만들어지고 정당화된 범주들은 사회적 생명력을 갖게 된다. 이는 과학 커뮤니케이션과 관련해 과학자의 역할은 과학윤리상 문제없는 논문 출판으로 끝난다고 보는 시각의 결함을 드러낸다. 온라인 커뮤니티의 혐오론자들은 과학에 대한 '오해'가 아니라, 구별의 과학에 내재된 분류 논리를 직접적이지만 도착적으로 적용한 것이었다.

다민족 과학이 미끄러져온 비탈길에 대한 비판적 성찰은 필연적으로 미래를 향한 질문으로 이어진다. 구별의 과학이 아닌, 본래의 약속에 충실한 포용의 과학은 가능한가? 가능하다면, 그것은 어떤 모습이어야 하는가? 이는 더 나은 기술이나 과학적 방법론의 문제가 아니라, 과학의 목적과 실천, 그리고 사회와의 관계를 근본적으로 재구성해야 하는 윤리적, 정치적 과제다.

절차적 포용의 함정과 진정한 포용의 과학

다민족 과학이 포용의 약속을 구현하기보다는 구별과 배제에 기여하는 것은 비단 한국만의 일이 아니다. 과학은 흔히 시간과 장소, 편견에서 자유로운 객관적 진리 탐구의 도구로 여겨지지만, 실제 과학은 그것을 수행하는 사람, 자금을 지원하는 기관, 그리고 문화의 영향을 받는 사회적 활동이다. 전 세계적으로 과학계는 '포용'이라는 가치를 내세우며 과거의 배타성을 극복하려 노력해왔다. 그러나 과학기술학자 제니 리어든이 『포스트게놈 조건』에서 지적했듯이, 전 지구적 유전체 프로젝트들은 포용, 참여, 개방성과 같은 민주적 가치를 표방했을지 몰라도 실제로는 기술 관료주의와 거대 자본의 논리에 잠식당하며 새로운 형태의 불평등과 소외를 낳았다.[1]

이는 절차적 포용의 함정을 보여준다. 즉, 다양한 집단을 연구에 포함시키는 행위 자체에만 집중할 뿐, 연구의 목적을 설정하고 지식을 생산하며 그 혜택을 분배하는 과정에서 권력을 공유하는 실질적 포용으로 나아가지 못했다는 것이다. 현재 과학 연구에서 '포용'은 종종 소수 집단을 연구의 수동적인 대상으로 포함시키는 것을 의미한다. 한국의 다민족 과학에서도 이주민은 공중보건 관리의 대상이 되거나, '아시아인 유전체'라는 이름 아래 상업적 가치를 지닌 유전 정보의 제공자로 취급되었다. 이주민의 몸과 건강 데이터는 국가와 기업의 목표를 위해 분석되고 활용되었지만 정작 그들의 목소리는 연구 과정에서 들리지 않았다.

이러한 접근 방식은 제니 리어든이 비판한 전통적 연구 모델, 즉 연구자가 모든 권력을 쥐고 연구 참여자는 단지 인간 피험자로 존재하는 '봉건적 시스템'과 맞닿아 있다. 이 모델에서 이주민은 자신의 몸과 삶에 대한 데이터를 제공하지만, 그 데이터가 어떻게 해석되고 어떤 지식이 생산되는가 하는 과정에서는 철저히 소외된다. 이러한 수동성과 객체화가 바로

[1]   Jenny Reardon, *The Postgenomic Condition: Ethics, Justice, and Knowledge after the Genome*, Chicago: University of Chicago Press, 2017.

현재의 포용 모델이 지닌 근본적인 한계다.

절차적 포용주의의 함정을 넘어 진정한 포용의 과학으로 나아가기 위해서는 무엇이 지식으로 간주되는가에 대한 인식론적 전환이 필요하다. 근대 과학은 오랫동안 계량화 가능한 데이터, 즉 연구자의 시선으로 관찰된 '탈체화된' 정보를 객관적이고 과학적인 것으로 간주하는 동시에, 개인이 자신의 몸을 통해 직접 겪는 경험, 즉 '체화된 지식embodied knowledge'은 주관적이고 비과학적인 것으로 폄하해왔다. 사회학자 후이 니우 윌콕스는 이러한 지식의 위계가 정치적 행위라고 지적한다. 그에 따르면, 몸과 마음을 분리하고 마음, 바꿔 말해 이성을 특권화하는 서구 지성사의 전통은 여성과 소수 집단들과 같이 '몸'과 동일시되어온 이들의 지식 생산 능력을 억압하는 기제로 작동해왔다.[2]

이는 오늘날 다민족 과학에서도 여전히 반복되는 문제다. 한 유전체학자는 '시민 참여'의 이름으로 이주민을 포함해서 더 많은, 그리고 더 다양한 종류의 시민들의 생체 시료와 유전체 정보가 개인 유전체personal genome 연구에 필요하다고 주장했다. 그러나 동시에 그는 시민들은 스스로 유전체 분석을 진행할 능력이 없고, 해당 데이터를 통해 연구를 수행하는

2   Hui Niu Wilcox, "Embodied Ways of Knowing, Pedagogies, and Social Justice: Inclusive Science and Beyond," *NWSA Journal*, vol. 21, no. 2, 2009, pp. 104~20.

것도 불가능하므로, 지식 생산자가 아니라 지식 소비자일 수밖에 없다고 말했다. 그러나 이주민이 한국의 의료 시스템을 이용하며 겪는 언어적·문화적 장벽과 각종 차별이 야기하는 신체적·정신적 고통, 질병과 건강에 대한 그들 고유의 문화적 이해 등은 단순한 일화가 아니다. 이는 현재의 과학적 방법론이 체계적으로 무시하고 있는 결정적인 지식의 한 형태일 수 있다.

과학은 결코 진공 상태에서 수행되지 않으며, 항상 그것을 수행하는 사람과 사회문화적 맥락의 영향을 받는다. 따라서 이주민의 삶의 경험과 체화된 지식을 과학적 데이터의 중요한 원천으로 인정하는 인식론적 전환 없이는 과학은 계속해서 그들의 현실과 동떨어진 지식을 생산하며 구별의 논리를 강화할 뿐이다. 포용의 과학으로서 다민족 과학은 이주민을 자원, 데이터, 객체로만 다루는 인식에서 벗어나, 이들이 다민족 과학 연구의 주요 수혜자일 뿐만 아니라 중요한 지식을 생산하는 동등한 참여자라는 새로운 이해를 바탕으로 이들이 주체가 되어 이들이 필요로 하는 과학 연구가 수행될 수 있도록 해야 한다.

그렇다면 다민족 과학은 어떻게 구별의 과학이라는 굴레를 벗고, 본래의 약속이었던 포용의 과학으로 거듭날 수 있을까? 이는 결국 이주민 당사자 중심의 과학 하기라는 말로 정리될 수 있을 텐데, 이를 위해 호주 국립대학교의 'CPAS

포용적 과학 커뮤니케이션 콜렉티브CPAS Inclusive Science Communication Collective'가 제안한 포용적 과학 커뮤니케이션 프레임워크를 참고해볼 수 있다.[3]

그에 따르면, 먼저 과학은 의도적이어야 한다. 포용은 연구가 끝난 뒤에 고려되는 부가적인 요소가 아니라, 연구 설계의 가장 첫 단계부터 핵심 목표가 되어야 한다. 이는 연구 질문을 이주민에 '대해서'가 아니라 이주민과 '함께' 만들어나가는 것을 의미한다. 연구의 목적 자체가 이주민 공동체의 필요와 관심사에서 출발해야 한다.

그리고 과학은 성찰적이어야 한다. 과학자들은 자신의 사회적 위치, 특권, 그리고 연구 과정에 개입하는 가정들을 비판적으로 성찰해야 한다. '이 연구는 궁극적으로 누구에게 이익이 되는가?' '내가 던지는 질문은 누구의 가치를 반영하는가?' '내 연구 방법론이 기존의 권력 불균형을 재생산하고 있지는 않은가?'와 같은 질문을 끊임없이 던져야 한다.

마지막으로 과학은 상호적이어야 한다. 연구자와 이주민 공동체의 관계는 일방적인 데이터 '추출'이 아니라 양방향적인 교환이어야 한다. 진정한 상호성은 지식의 공동 생산에

---

3   CPAS Inclusive Science Communication Collective, "A Proposed Framework for Considering "Inclusive Science Communication" in Theory and Practice," *Science Communication*, 2025년 7월 3일, https://journals.sagepub.com/doi/10.1177/10755470251344471

대한 인정을 의미하며, 이주민이 연구 설계, 데이터 수집, 결과 해석, 그리고 성과 확산의 전 과정에 동등한 협력자로 참여하는 것을 뜻한다.

이주민 당사자 중심의 과학 하기는 아래로부터의 연구 의제 설정을 의미한다. 연구의 우선순위는 이주민들과의 협의를 통해 그들이 스스로 정의하는 건강 및 사회적 문제를 해결하는 방향으로 설정되어야 한다. '이주민의 유전자는 질병에 대해 우리에게 무엇을 말해주는가?'라는 질문에서 '과학은 이주민이 가장 시급하다고 여기는 문제를 해결하는 데 어떻게 기여할 수 있는가?'와 같은 질문으로 전환해야 한다.

이러한 접근은 단순한 윤리적 절차의 개선을 넘어 생명 추출주의에 대한 직접적인 대안이 된다. 이주민 당사자 중심의 과학은 지식의 위계 자체에 도전하는 근본적인 인식론적 재구성을 요구한다. 이주민의 '체화된 지식'을 무시하는 연구는 과학적으로 불완전하다는 인식이 수반되어야 한다. 이주민을 수동적인 '피험자'에서 능동적인 '인식론적 협력자 epistemic partner'로 재정의할 때, 과학은 비로소 더 넓고 다양한 증거를 통합함으로써 더 타당하고, 현실에 부합하며, 정확한 지식을 생산할 수 있게 된다. 이는 다민족 과학을 이주민에 대한 연구에서 이주민과 함께하는 연구로 전환하자는 제안이다.

유전체 자유주의에서 유전체 정의로

이주민 당사자 중심의 과학이 실현되기 위해서는 이를 뒷받침할 제도적 틀, 즉 유전체 정의가 필요하다. 2장에서 지적했듯이, 한국의 유전체 연구는 몽골 선주민 집단의 유전 정보를 한국의 국가적, 상업적 이익을 위해 이용하는 생명추출주의의 모습을 보여주었다. 이는 결코 한국만의 문제가 아니다. 제니 리어든은 『포스트게놈 조건』에서 생명추출주의의 기원을 1951년 헨리에타 랙스Henrietta Lacks 사건에서 찾았다. 흑인 여성 랙스는 자궁경부암 치료 중 본인 동의 없이 세포를 채취당했고, 이 세포는 그녀가 사망한 뒤에도 '헬라HeLa 세포'라는 이름으로 무한 증식되어 수백만 달러 규모의 생명공학 산업을 창출하는 데 쓰였다. 정작 유족들은 20년이 지나서야 이 사실을 알게 되었으며, 어떠한 보상도 받지 못한 채 2013년에는 고인의 유전체 서열이 가족 동의 없이 공개되는 일을 겪어야 했다.

이러한 착취적 갈등은 최근의 '국제 햅맵 프로젝트'에서도 반복되었다. 연구진은 멕시코의 톨라테카와 마야 선주민 집단으로부터 채취한 DNA를 그들의 고유한 부족명이 아니라 "멕시코"와 같은 범주로 뭉뚱그려 명명했다. 원주민 공동체는 자신들의 고유한 정체성과 역사가 과학적 데이터 처리 과정에서 지워지는 것에 분노하고 문제를 제기했다. 리어든

이 지적하듯 유전체 연구의 지구사는 이처럼 착취와 신식민주의의 유산을 끊임없이 재생산해왔다. 이주민과 소수민족의 몸은 종종 과학적 진보와 경제적 이익을 위한 '자원의 보고'로 간주되었고, 그들의 DNA는 공동체의 맥락과 분리된 채 추출되고 상품화되었다. 이러한 착취적 관행을 넘어서지 않고서는 진정한 포용의 과학은 불가능하다.

일각에서는 유전체 데이터베이스의 다양성을 높이고, 데이터를 '개방'하여 누구나 접근할 수 있게 만들면 자연스럽게 정의가 실현될 것이라는 믿음이 존재한다. 리어든은 이를 앞서 언급한 것처럼 '유전체 자유주의'라고 명명하며 그 허구성을 비판한다. 이 이데올로기는 두 가지 측면에서 실패한다. 첫째, 데이터 접근성이 평등하게 주어지더라도, 그 데이터를 활용하여 혜택을 볼 수 있는 능력은 사회적으로 불평등하게 분포되어 있다. 이는 결국 기술에 능통하고 부유한 계층에 주로 이익이 되는 발견으로 이어질 뿐, 구조적 불평등을 해결하지 못한다. 둘째, 유전체 자유주의는 개인의 동의만으로는 해결할 수 없는 집단적 피해의 문제를 간과한다. 특정 집단의 유전 정보가 질병이나 부정적인 특성과 연관 지어질 경우, 이는 해당 공동체 전체에 대한 낙인과 차별로 이어질 수 있다.

이는 한국의 다민족 과학이 이주민의 데이터를 국가적, 상업적 목표 달성에 활용하면서도 정작 이주민의 건강 필요를 우선시하지 않았던 문제와 정확히 일치한다. 따라서 단순히 더 많은 이주민을 연구에 '포함'시키는 것을 넘어, 연구의 과정과 결과가 정의로운지를 묻는 것이 핵심이다. 유전체 정의는 전통적인 생명윤리가 강조해온 개인의 "사전고지를 통한 동의"라는 틀을 넘어선다.[4] 개인의 유전체는 그 개인에게만 속한 것이 아니라, 가족과 조상, 그리고 그가 속한 공동체 전체에 대한 정보를 담고 있기 때문이다. 따라서 유전체 연구의 윤리는 개인을 넘어 집단적 차원에서 논의되어야 한다.

이를 위한 핵심 원칙은 '데이터 주권data sovereignty'이다. 이는 미국 선주민 공동체의 유전체학 연구 참여에서 나온 개념으로, 공동체가 자신들의 집단적인 생물학적 데이터와 건강 정보를 스스로 통제하고 관리할 권리를 갖는 것을 뜻한다.[5] 미국의 선주민 공동체와 달리 국내 이주민들의 경우에는 현재 통일된 의사결정을 진행할 공동체가 형성되어 있지 않지만, 나는 이와 같은 정치적 조직을 의식적, 제도적으로 창출하고, 이 조직에 데이터 주권을 부여해야 한다고 생각한다. 만약 이런 이주민 공동체가 구성된다면, 이주민을 대상으로 하는 연구는 개인의 동의를 넘어 이주민 공동체 수준의 협의

---

4   Ruha Benjamin, "Informed Refusal: Toward a Justice-Based Bioethics," *Science, Technology, & Human Values*, vol. 41, no. 6, 2016, pp. 967~90.

5   Maggie Walter, Tahu Kukutai, Stephanie Russo Carroll, and Desi Rodriguez-Lonebear, *Indigenous Data Sovereignty and Policy*, London: Routledge, 2020.

와 승인 절차를 거쳐야 할 것이다. 또한 이주민 공동체는 자신들의 몸에서 생산된 지식에 대한 집단적 이해 당사자로서, 데이터의 사용, 저장, 공유 방식에 대해 발언권을 가질 수 있어야 할 것이다.

데이터 주권을 실현하기 위해서는 새로운 집단적 거버넌스 메커니즘이 필요하다. 예를 들어, 이주민 공동체가 주도하는 '공동체 윤리심의위원회' 설립 등을 생각해볼 수 있다. 연구 파트너십을 협상하고, 데이터 사용을 승인하며, 연구가 공동체의 가치와 우선순위에 부합하는지를 감독하는 등의 실질적 권한을 행사하는 기구를 마련하고 정착시킨다면, 과학자나 연구 기관이 독점하던 권력을 공동체와 공유하게 되는 근본적인 변화가 가능할 것이다.

이와 함께 연구를 통해 발생하는 모든 상업적, 학문적 이익은 참여 공동체와 공정하게 공유되어야 한다. 이는 금전적 보상을 넘어 공동체에 실질적으로 필요한 보건 서비스를 제공하고, 연구 역량을 강화하며, 연구 결과를 이해하기 쉬운 형태로 환원하는 것을 포함한다. 책임감 있고 접근 가능한 소통 또한 필수적이다. 보통 연구 기관은 과학 커뮤니케이션에 대해, 연구비를 지원한 기관을 설득하여 추가 지원을 이끌어내거나 언론의 관심을 끄는 용도로만 생각하는 경향이 있다. 그러나 이주민에 관한 과학 연구에서는 이주민 공동체를 과학 커뮤니케이션의 주요한 대상으로 반드시 포함해야 하며,

연구 결과는 이들이 이해할 수 있는 언어와 형식으로 전달되어야 한다. 나아가 연구를 가능하게 한 이주민 공동체의 역량 강화에 기여할 수 있는 방향을 모색해야 한다. 이주민 당사자 중심의 과학과 유전체 정의의 제도화는 결국 하나의 길로 통한다. 그것은 정치와 법의 영역에서 유전체 정의가 제도적으로 확립될 때 비로소 온전한 힘을 발휘할 수 있다. 이주민의 생물학적 데이터를 손쉽게 추출할 수 있는 자원으로 취급하면서, 연구 현장에서만 그들을 지식 생산의 동등한 인식론적 협력자로 대우한다는 것은 논리적으로 성립할 수 없는 모순이기 때문이다.

포용적 사회를 위한 다민족 과학이 되려면

그간 다문화주의에 대한 비판적 논의에서 과학은 종종 '단일 민족 신화'의 비과학성을 폭로하는 객관적 심판자로만 소환되곤 했다. 그러나 다민족 과학의 역사는 과학이 결코 이 논쟁의 외부자가 아니었음을 명백히 보여준다. 과학은 사회적 가치와 정치적 요구, 정부의 통치 전략과 기업의 상업적 이해관계와 깊숙이 연루되어 있다. 그 결과 한국의 다민족 과학은 겉으로는 포용을 말하지만 내부적으로는 끊임없이 한국인과 비한국인을 구별하고 위계화하는, 한국 다문화 담론의 모순을 그대로 체화하게 되었다.

하지만 과학의 본성은 고정되어 있지 않다. 과학기술학 연구들이 보여주었듯이, 우리는 얼마든지 다른 과학을 상상하고 만들어갈 수 있다. 구별의 과학으로서 다민족 과학은 '한국인이란 누구인가'라는 질문에 집착하며 구별의 논리를 강화해왔다. 이제 다민족 과학은 새로운 질문을 던져야 한다. 이주민과 어떻게 더불어 살아갈 것인가? 이주민에게도 정의로운 과학을 어떻게 만들 것인가? 과학은 '순수 한국인'과 이주민에 대한 구별 없는 상호 돌봄의 세계를 구축하는 데 어떻게 기여할 수 있는가? 이러한 질문들을 던지고 그 답을 찾아가는 과정 속에서 다민족 과학은 절차적 포용주의에서 벗어나 비로소 진정한 포용의 과학으로 나아갈 수 있을 것이다.

그리고 이 여정은 과학자나 정부 관료에게만 맡겨둘 수 없다. 포스트민족주의적, 비국가주의적 관점에서 한국 사회의 다문화주의와 인종주의 문제를 오랫동안 성찰해온 인문사회 연구자들, 다민족 과학의 직접적인 당사자인 이주민과 이주민 공동체, 그리고 다문화 사회 구현에 공감하는 바로 우리 동료 시민들이 앞의 질문들을 함께 고민하고 정의로운 다민족 과학을 요구해야 한다.

예를 들어 과학자들에게는 인간 집단을 분류하고 명명하는 행위의 사회적 위험을 사전에 고려하는 '사려 깊은 과학'을 실천해야 할 책임이 있다. 집단을 분류하는 연구 결과를 발표하기 전에, 이 분류가 어떻게 오용될 수 있는지, 어떤 사회적 위계를 강화할 수 있는지를 스스로 물어야 한다. 이는 비판적 사회과학과 윤리학적 관점을 연구 과정의 핵심으로 통합하는 것을 의미한다. 인문사회 학자들은 사후 비평가를 넘어 과학 거버넌스의 적극적인 참여자로서 역할을 해야 한다. 과학적 범주의 정치적, 역사적 우연성을 드러내고, 연구 결과의 사회적 영향을 예측하며, 과학적 담론을 맥락화하는 데 기여해야 한다.

궁극적으로 포용의 과학은 이주민과 그들의 연대자를 포함하여 과학과 사회의 교차에 대해 비판적 안목을 갖춘 시민들이 적극적으로 요구해야만 실현될 수 있다. 이는 사실의 이해를 넘어 과학 자체의 사회적 본질을 이해하는 비판적 과학 소양을 함양하는 것을 의미한다. 마지막으로 이러한 연대가 실천적인 힘을 얻으려면, '누가 이 연구에 자금을 지원하는가? 누가 이익을 얻는가? 그리고 누가 위험을 감수하는가?'와 같은 비판적 질문을 제기하고 함께 토론할 수 있는 공론장이 마련되어야 한다. 과학이 빚어내는 사회적 의미에 대해 시민들이 끊임없이 질문하며 함께 만들어가는 이러한 공론장을 통해서만, '다민족 과학'은 단순한 구호에 그치지 않고 한국 사회가 진정한 상호 돌봄의 사회로 나아가는 데 중요한 지적·물질적 기반이 될 수 있을 것이다.

후기

이 책의 구상은 한국에서의 인류 유전 과학과 민족 정체성 정치의 얽힘에 관한 박사학위 논문을 마무리 짓던 2017년 무렵 시작되었다. 당시 내 박사 논문은 일본인 체질 인류학자들의 인종 과학과 2000년대 이후 한국인 유전체학자들의 언설 사이의 연속성을 확인하는 한편, 2000년대 중반 이후 정부 주도의 다문화 사회론 등장과 함께 유전 과학이 '다문화 과학'이라는 포용을 위한 새로운 역할을 맡게 된 점에 주목했다. 나는 이러한 관계 속의 연속과 단절을 일관된 관점에서 이해하고 비판적으로 제언할 필요가 있다고 생각했다.

그동안 이러한 문제의식을 바탕으로 꾸준히 학술 논문을 써왔지만, 이를 종합할 기회는 좀처럼 주어지지 않았다. 그러던 중 2022년 말에 국내 이주민을 대상으로 하는 과학 연구와 한국 사회의 상호작용을 과학기술학의 관점에서 집필해 문학과지성사의 '채석장 그라운드' 시리즈로 출간할 기회를 얻었다. 다만 원고를 정리하고 책을 내기까지 생각보다 오랜 시간이 걸렸다.

2022년 당시 생각했던 책 제목은 '다민족 과학'이 아닌 '인종 과학'이었다. 제목을 변경하게 된 직접적인 계기는

2024년 봄에 있었던 한국과학기술원KAIST 과학기술정책대학원STP 발표였다. 당시 STP 콜로키움에서 책의 일부 내용을 발표했을 때 박범순 선생님께서 한계야 어찌되었든 간에 다문화의 기치를 든 과학자들이 자신들을 나치의 과학적 인종주의를 연상시키는 '인종 과학자'라고 부르는 것에 동의하겠느냐고 지적하셨다. 당시에는 책의 서론에서 '인종 과학'이 분석적 범주임을 확실히 밝히면 문제가 없으리라고 생각했으나, 글을 집필해나가면서 '인종 과학'이라는 제목이 포용을 목표로 하는 한국 과학자들의 활동을 적절히 포괄하지 못한다는 점이 점차 분명해졌다.

여기에 한국 다문화 시대의 유전 과학 연구가 인종보다는 '민족' 개념을 통해 의도치 않은 인종화를 야기한다는 문제의식이 확고해지면서 결국 '다민족 과학'이라는 제목을 택하게 되었다. 동시에 이 대안적 명칭은 오늘날 유전 과학이 비록 인종 과학으로 미끄러질 위험에 놓여 있음에도 불구하고 이를 벗어나 진정한 포용의 과학이 될 수 있다는 가능성을 강조하기 위함이기도 하다. 이러한 생각을 정련하는 과정에서 한국 사회의 이주민 차별을 비판하는 손인서 선생님의 『다민족 사회 대한민국: 이주민, 차별, 인종주의』와 한국의 사회적 문제에 대응하는 과학의 한계를 지적하면서도 그 안에서 희망을 발견하는 박진영 선생님의 『재난에 맞서는 과학』으로부터 큰 영감을 받았다.

이 책의 가장 큰 한계는 과학 지식 생산 과정에 집중하느라 이민자를 연구 대상으로 삼은 과학자들만 다룰 뿐, 이민자들의 목소리를 직접 담아내지 못했다는 점에 있다. 그렇지만 나는 현재와 미래 이민자들의 삶에 조금이나마 도움이 되고자 하는 마음으로 이 책을 집필했음을 강조하고 싶다. 지난 수년간 대학 캠퍼스에서 만난 베트남, 우즈베키스탄, 미얀마 등 여러 아시아 국가 출신의 학생들과 조선족 및 고려인 학생들은 내게 자신들과 가족들의 삶에 대해 많은 이야기를 들려주었다. 그것은 내가 방향성을 잡는 데 길잡이가 되었으며, 이 책은 부분적으로 내 공부가 이들의 한국에서의 삶에 어떤 식으로 도움이 될 수 있을지에 대한 고민이 물질화된 결과물이다.

마지막으로 각 장의 출처를 밝힌다. 1장부터 4장까지는 기존에 발표한 논문과 단행본 챕터들을 수정·보완하고 인문교양서 수준에 맞게 다듬은 것이며, "들어가며"와 5장, 그리고 "나가며"는 새로 썼다.

정말 마지막으로 감사한 분들을 적어야겠다. 최대연 편집자님은 꼼꼼하고 정성 어린 논평으로 책이 나오는 데 결정적인 역할을 해주었다. 가톨릭대학교에서 환경사와 의학사를 공부하고 가르치는 원주영 선생님은 지우知友라는 말이 무색하지 않을 정도로 이 책의 여러 초안을 수없이 읽고 격려해주었다. 내가 쓴 글을 언제든지 읽어줄 사람이 적어도 늘 한

명은 있다는 사실이 감사하고 즐겁다. 비록 이 책은 한국어로 쓰여 직접 읽지는 못하겠지만, 소라야 데 차데레비안 선생님을 비롯해 아이리스 클레버, 엘리스 K. 버튼, 프로짓 비하리 무카르지, 아야 호메이, 이다 가오리에게도 깊은 감사를 전한다. 이들은 내 연구가 결코 과학 주변부 국가의 유사과학적 이야기에 그치는 것이 아니라, 인종 과학의 지구사global history를 구성하는 중요한 일부라는 것을 일깨워주었다. 이러한 지적 격려는 이 책이 세상에 나오는 데 가장 근본적인 동기가 되었다. 또 가족들에게도 고맙다고 말하고 싶다. 늘 같이 있으면서도 노트북 앞을 벗어나지 못하는 아빠를 결코 포기하지 않고 놀아주려는 현담윤과 현지윤에게 고맙다. 마지막으로 일상과 지적인 삶 모두에서 동반자로 늘 함께해주는 고은진에게도 깊은 감사를 전한다.

출전

1장

Jaehwan Hyun, "Translation Matters: Racial Classification in South Korean Genetic and Genomic Research," in Tino Plümecke, Andrea zur Nieden, Nils Ellebrecht, Isabelle Bartram, and Veronika Lipphardt(eds.), *The Order of People: Contesting Bio-Scientific Human Classifications*, Bielefeld: Transcript, 2025, pp. 133~49.

2장

현재환, 「아시아인 건강을 위한 한국인 게놈: 한국인 유전체 프로젝트의 상업화 전략」, 『과학기술학연구』, vol. 19, no. 2, 2019, pp. 117~67.

현재환, 「유전체 정의와 포스트식민주의 STS의 가능성」, 『과학기술과 사회』, vol. 7, 2024, pp. 40~89.

3장

현재환, 「단일민족 신화의 과학적 해체와 재구성 사이에서: 1990~2000년대 유전 과학과 종족 민족주의」, 김범수 외 9인 지음, 『광복 80년, 국가·민족 정체성의 형성과 분화』, 서울대학교출판부, 2025, pp. 51~88.

4장

Jaehwan Hyun, ""Multilcultral Genes in Our Blood?" Genetic Governance and Biocultural Purity in South Korea," in Eram Alam, Dorothy Roberts, and Natalie Shibley(eds.), *Ordering the Human: The Global Spread of Racial Science*, New York: Columbia University Press, 2024, pp. 161~81.

채석장 그라운드
다민족 과학

제1판 제1쇄 2026년 4월 1일

지은이 현재환
펴낸이 이광호
주간 이근혜
편집 최대연
펴낸곳 ㈜문학과지성사
등록번호 제1993-000098호
주소 04034 서울 마포구 잔다리로7길 18(서교동 377-20)
전화 02)338-7224
팩스 02)323-4180(편집) 02)338-7221(영업)
대표메일 moonji@moonji.com
저작권 문의 copyright@moonji.com
홈페이지 www.moonji.com

ⓒ 현재환, 2026. Printed in Seoul, Korea

ISBN 978-89-320-4516-0 03400

이 책의 판권은 지은이와 ㈜문학과지성사에 있습니다.
양측의 서면 동의 없는 무단 전재 및 복제를 금합니다.